Photoshop淘宝天猫网店设计
装修从入门到精通

蒋珍珍　编　著

清华大学出版社

北　京

内 容 简 介

本书是一本讲解如何使用Photoshop软件进行淘宝天猫网店设计的实例操作型自学教程，可以帮助淘宝天猫网店店主或设计爱好者，特别是网店页面设计人员提高网店页面的制作能力，拓展淘宝天猫网店店面的视觉设计的创造思路。

本书共18章，内容包括：淘宝天猫网店装修入门知识、丰富网店页面的色彩与布局、Photoshop软件的基本操作、美化淘宝商品图像、店铺商品色调美化、网店文字的编排处理、商品图像合成设计、淘宝天猫广告图片特效设计、网店装修三大区域设计、解密旺铺完美店招设计、帮助网店顾客自主购物、打造深入人心的首页设计、不同类别的展示图设计、不拘一格的宝贝描述设计、掌握家居网店装修设计、掌握食品网店装修设计、掌握电子网店装修设计、掌握化妆品网店装修设计。全书使用自带素材，通过Photoshop的制作与对素材的不同处理，制作出精美的界面效果。制作界面过程已被录为视频并被刻录成光盘，可以在手机与网络中进行播放与分享。读者学后可以融会贯通、举一反三，完成自己的作品。

本书结构清晰、语言简洁、实例丰富、版式精美，适合想要在网上、手机上开店创业的读者，以及网店美工、图像处理人员、平面广告设计人员、网络广告设计人员等学习使用，同时也可以作为各类计算机培训中心、中等职业学校、中等专业学校、职业高中和技工学校的辅导教材。

图书在版编目(CIP)数据

Photoshop淘宝天猫网店设计装修从入门到精通 / 蒋珍珍编著. —北京：清华大学出版社，2017（2025.2重印）

ISBN 978-7-302-47259-9

Ⅰ. ①P… Ⅱ. ①蒋… Ⅲ. ①图像处理软件 Ⅳ. ①TP391.413

中国版本图书馆CIP数据核字(2017)第125963号

责任编辑：杨作梅
装帧设计：杨玉兰
责任校对：张彦彬
责任印制：杨 艳

出版发行：清华大学出版社

  网 址：https://www.tup.com.cn, https://www.wqxuetang.com
  地 址：北京清华大学学研大厦A座 邮 编：100084
  社 总 机：010-83470000 邮 购：010-62786544
  投稿与读者服务：010-62776969，c-service@tup.tsinghua.edu.cn
  质量反馈：010-62772015，zhiliang@tup.tsinghua.edu.cn

印 装 者：涿州市般润文化传播有限公司
经 销：全国新华书店
开 本：185mm×260mm **印 张**：22 **字 数**：530千字
    （附光盘1张）
版 次：2017年7月第1版 **印 次**：2025年2月第7次印刷
定 价：78.00元

产品编号：069430-01

PREFACE | 前 言

写作驱动

本书是初学者全面自学 Photoshop 淘宝天猫网店设计的经典畅销教程。全书从实用角度出发，全面、系统地讲解了 Photoshop 淘宝天猫网店设计从入门到精通的方法，基本上涵盖了 Photoshop 全部工具、面板和菜单命令。本书在介绍软件功能的同时，还精心安排了 118 个具有针对性的实例，帮助读者轻松掌握软件的使用技巧和具体应用，以达到学用结合的目的。并且，全部实例都配有教学录像，详细演示案例制作过程。此外，还提供了用于查询软件功能和实例的索引。

Photoshop 淘宝天猫网店设计从入门到精通

分 为

纵向技能线			横向案例线		
文字排版	布局版式	素材处理	电子行业	家居行业	化妆品行业
特效处理	商品合成	抠图处理	食品行业	导航设计	店招设计
元素分析	色彩应用	颜色调整	首页设计	主图设计	详页设计

本书特色

- 60 个专家提醒放送：作者在编写本书时，将平时工作中总结的各方面软件的实战技巧、设计经验等毫无保留地奉献给读者，不仅大大丰富和提高了本书的含金量，更方便读者提升软件的实战技巧与经验，从而快速提高读者学习与工作的效率，使读者学有所成。

- 118 个技能实例奉献：本书通过大量技能实例来辅讲软件，共达 118 个，帮助读者在实战演练中逐步掌握软件的核心技能与操作技巧。与同类书相比，读者可以省去学无用理论的时间，更能掌握超出同类书的大量实用技能和案例，让学习更高效。

- 410 多分钟音视频演示：本书中的软件操作技能实例，全部录制了带语音讲解的视频，时间长度达 410 多分钟，重现书中所有实例操作。读者可以结合书本，也可以独立地观看视频演示，像看电影一样进行学习，让学习变得更加轻松。
- 340 多款素材效果奉献：随书光盘包含了 190 个素材文件和 150 个效果文件。其中素材涉及商业素材、商品素材、淘宝海报素材、风景素材、美食素材、淘宝促销素材等，供读者使用。
- 1070 多张图片全程图解：本书采用了 1070 多张图片对软件技术、实例讲解、效果展示，进行了全程式的图解，通过这些大量清晰的图片，让实例的内容变得更通俗易懂。读者可以一目了然，快速领会，举一反三，制作出更多精美的网店装修设计效果。

作者售后

本书由蒋珍珍编著，参与编写的人员有王碧清、刘胜璋、刘向东、刘松异、刘伟、卢博、周旭阳、袁淑敏、谭中阳、杨端阳、李四华、王力建、柏承能、刘桂花、柏松、谭贤、谭俊杰、徐茜、刘嫔、苏高、柏慧等，在此表示感谢。由于作者知识水平有限，书中难免有错误和疏漏之处，恳请广大读者批评、指正，联系微信号：157075539。

编　者

CONTENTS | 目 录

第 1 章

新手导航：
淘宝天猫网店装修入门知识

学习提示

    Photoshop 在淘宝天猫网店领域的应用形式越来越多样化，并深入到生活中的各个细节中。因此，了解淘宝天猫网店装修不仅要从 Photoshop 基本知识入手，还应该深入地去挖掘其市场的应用及发展。

    本章对网店装修的基本理论内容进行讲解，为后面的学习奠定扎实的基础。

本章重点导航

◎ 展示店铺信息
◎ 展示商品详情
◎ 视觉营销推广
◎ 突出产品特色

◎ 加强产品识别
◎ 网店装修注意事项
◎ 网店装修六大误区

1.1 入门基础：淘宝天猫网店设计入门解析

网店装修是店铺运营中的重要一环。店铺设计的好坏，直接影响顾客对于店铺的最初印象。首页、详情页面等设计得美观、丰富，顾客才会有兴趣继续了解产品；被详情的描述打动了，才会产生购买欲望并下单。

网店装修实际上就是通过整体的设计，将网店中各个区域的图像进行美化，利用链接的方式对网页中的信息进行扩展，如图 1-1 所示。

图1-1　网店装修的整体基本规划

商品分类区：方便消费者挑选购买

自定义区域：店铺特色装修

图1-1　网店装修的整体基本规划（续）

在网店中，网商对店铺中的某些模块位置进行了初步的规划。店家需对每个模块进行精致的设计与美化，让单一的页面呈现出丰富的视觉效果，也就是对店铺进行装修。

网店是通过一个个单独的网页组合起来的，且每个商品都有一个单独的详情页面。这些页面都是需要美化与修饰的，需要加入大量的图片和文字信息，通过让顾客掌握这些信息来达成交易。而网店的装修就是对店铺中商品的图片、文字等内容进行艺术化的设计与编排，使其体现出美的视觉效果。

1.2 吸引客户：淘宝天猫网店装修的意义

从网络上的点击量来看，店铺装修一直是一个热门话题，在店铺装修的意义、目标和内容上一直存在着众多观点。然而不论是一个实体店面，还是一个网络店铺或手机店铺，它们作为一个交易进行的场所，其装修的核心目的是促进交易的进行。

1.2.1 展示店铺信息

对实体店铺来说，形象设计能使其外在形象保持长期发展，为商品塑造更加完美的形象，加深消费者对企业的印象，如图 1-2 所示。

图 1-2　精美的实体店铺设计

同样，网店的装修设计也可以起到一个品牌识别的作用。因为建立一个网上店铺，需要设定出自己店铺的名称、独具特色的 Logo 和区别于其他店铺的色调和装修视觉风格。

如图 1-3 所示，在该网店首页的装修图片中可以提取出很多重要信息——店铺的店标、店招、店铺配色风格、销售的商品等。

店铺的名称为"意树"，同时熟悉了店铺的 Logo

顾客可以从欢迎模块的标题文字中掌握店铺近期的商品动态，并且从商品的价格信息中知道商品价格极其优惠情况

图 1-3　精美的网络店铺设计

1.2.2　展示商品详情

在网店装修的页面中，消费者在首页能够获得的信息有限。鉴于网络营销的特点，网商都为单个商品的展现提供了单独的平台，即商品详情页面。

商品详情页面的装修成功与否，直接影响到商品的销售和转换率。顾客往往是因为直观的、权威的信息而产生购买的欲望，所以必要的、有效的、丰富的商品信息的组合和编排，能够加深顾客对于商品的了解。如图 1-4 所示，分别为两组不同的网店装修效果，一组是以平铺直叙的方式呈现商品的信息；另一组则是通过合理的图片处理和简要的文字说明来表达。通过对比，可以发现后者更能打动消费者。

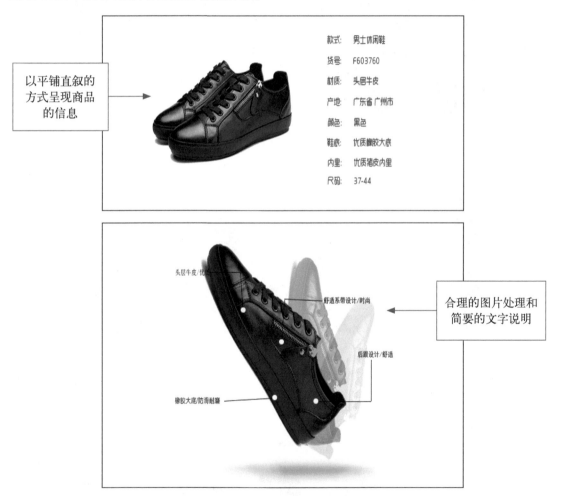

图 1-4　不同类型的商品详情装修效果

通过对商品的详情页面进行装修，可以让顾客更加直观、明了地掌握商品信息，能决定顾客是否购买该商品。如图 1-5 所示，顾客可以从设计的商品详情页面中了解衣服的材质、透气性等无法触摸的信息。

为了实现营销目标，使用模特和道具拍摄的商品，更能吸引顾客、激发顾客的购买欲望，从而达到销售的目的。

模特对于品牌服装就更显得重要，一个精美的模特实拍，可以在短短几秒内吸引买家

精心设计的装修画面让衣服的材质、透气性、面料等特点表现得更为直观

图1-5 展现商品详情

专家指点

对通过电脑和手机购物的消费者来说，其花费在购物上的时间是计入其购物成本当中的。因此，卖家需要像实体店一样，增加一个虚拟网店空间的利用率和用户的有效接触，要达到这两个目的，需要做到以下两个方面。

- 提升网店空间的使用率，让单一的网店能够容纳更多的产品信息，通过装修设计来缩短顾客信息的时间。
- 在产品之间的关联和产品分类的优化上下功夫，从而给予消费者最大的选购空间。

1.2.3 视觉营销推广

店铺的转化率，就是所有到达店铺并产生购买行为的人数和所有到达店铺的人数的比率。网店的转化率提升了，其店铺的生意也会更上一层楼。影响网店转化率的主要因素如图1-6所示。

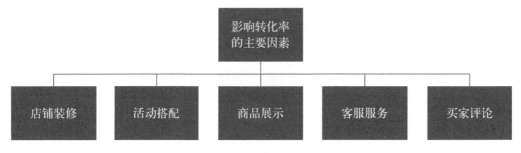

图1-6　影响网店转化率的主要因素

在图1-6中，店铺装修、活动搭配、商品展示等都可以通过设计装修图片来实现，可见装修能够直接对网店的转化率产生影响。在进行装修和推广的过程中，卖家还要注意如图1-7所示的问题，其中"活动页面"中信息的呈现可以通过店铺装修来完成。由此可见，店铺装修与店铺转化率之间存在着紧密关系。

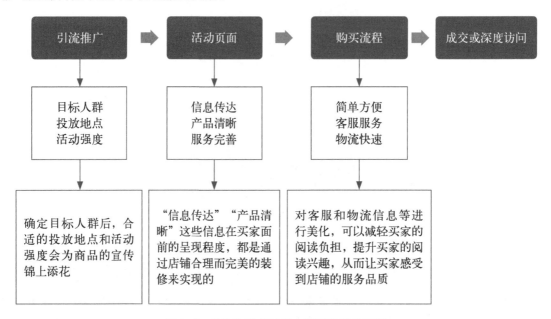

图1-7　装修和推广过程中需要注意的问题

由此可见，网店的首页装修不可轻视，这直接影响到店铺的跳出率，也就是影响到店铺的交易量。因此，卖家有必要从各个方面考虑店铺的装修。好的装修不但能够提升店铺的档次，还可以让顾客感受到在此店铺购物能够获得良好的保障。

1.2.4　突出产品特色

无论是实体店还是网店，其装修的好坏、能否吸引顾客的眼球、能否突出产品特色，都是至关重要的。网店装修风格的确定，涉及了整体运营的思考。确定装修风格之前，需要认真思考自己所销售的产品，最突出的是哪一点。对于店面的风格设定，需要每个店家认真去思考，接下来从两个方面入手，介绍如何确定网店装修的风格。

1. 选择合适的整体色调

色调是指一幅画中画面色彩的总体倾向，是大的色彩效果。在店铺装修中，色调是指店面的总体色彩表现，是网店装修大体的色彩效果，是一种一目了然的感觉。不同颜色的网店装修画面都带有同一色彩倾向，这样的色彩现象就是色调。色调的表现在于给人一种整体的感觉，或突出青春活力，或突出专业销售，或突出童真活泼等。

卖家在选中和确定网店的色调前，可以从店铺中销售的商品的色彩入手，也可以根据店铺装修确定的关键词入手。例如，确定网店装修的风格为时尚男装，则可以选择黑色、灰色等一些纯度和明度较低的色彩来对装修的图片进行配色。

总之，色调的选择必须能够真正体现自己产品的特点、营销的特色，如图 1-8 所示。

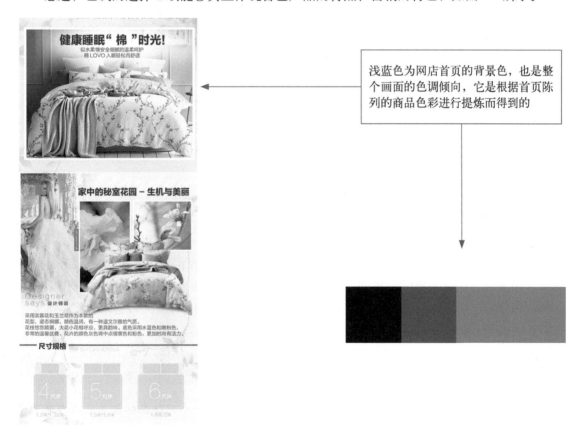

浅蓝色为网店首页的背景色，也是整个画面的色调倾向，它是根据首页陈列的商品色彩进行提炼而得到的

图 1-8　选择合适的整体色调

2. 设计详情页面橱窗照

通常情况下，顾客进入一个店铺，大都是因为对其中的单个商品感兴趣，而单个商品在众多搜索出来的商品中是以主图的形式、也就是橱窗照的形式进行展示的，如图1-9所示。

图1-9　橱窗照

商品主图是用来展现产品最真实的一面，而不是用来罗列店铺的所有活动。但是，部分店家为了将店铺中的信息尽可能多地传递出去，将橱窗照的作用理解错了。比如，在橱窗照商品图像以外的空隙处，添加"最后一天""满百包邮"等众多信息，主次不分，给顾客一种凌乱的感觉，不能体现出店铺的专业性。

通常，在橱窗照上只需要突出自己产品或是营销的一个点即可，不要加入太多无谓的信息。顾客买东西，是冲着产品去的，而不是冲着"仅此一天啦""最后一天啦"这些附属的信息去逛店铺的。当然，要设置限时购等促销，可以在商品详情页面中进行设计，但是在体现商品形象的橱窗照中尽量不要添加此类信息。

1.2.5　加强产品识别

网络店铺的装修设计可以起到一个品牌识别的作用。对实体店来说，好的形象设计能使其外在形象保持长期的发展，为商店塑造更加完美的形象，加深消费者对企业的印象。同样，建立一个网络店铺或手机微店也需要设定自己店铺的名称、独具特色的Logo和区别于其他店铺的色彩和装修风格。如图1-10所示，在网店首页的装修图片中，可以提取出很多重要信息，如店铺的名称、店铺的Logo、店铺配色风格、店铺销售的商品等。

💬 **专家指点**

网店和微店中的Logo与整体的店铺风格，一方面作为一个网络品牌容易让消费者熟知，从而产生心理上的认同。另一方面，它们也作为一个企业的CI识别系统，让店铺区别于其他竞争对手。

<<<<<

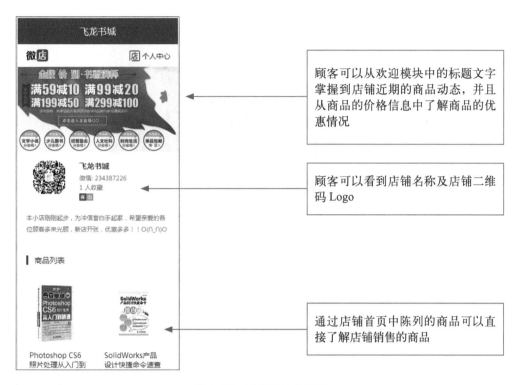

顾客可以从欢迎模块中的标题文字掌握到店铺近期的商品动态，并且从商品的价格信息中了解商品的优惠情况

顾客可以看到店铺名称及店铺二维码 Logo

通过店铺首页中陈列的商品可以直接了解店铺销售的商品

图 1-10 店铺信息的获取

1.3 规避误区：解析网店装修中的注意事项

网店装修中有许多需要注意的事项。本节内容将为读者一一讲述在网店装修中所需要注意的重要事项。

1.3.1 网店装修注意事项

在装修过程中，有许多人都是没有方向性的，只凭自己的喜好装修店铺。这样装修出来的店铺，往往效果不尽如人意。本小节将为读者分析网店装修前须知的一些注意事项。

1．页面合理布局

在网店装修的过程中，模块的布局也是影响装修风格的一个重要因素，各个模块的搭配要统一、简洁。

已经给自己的店面做出装修风格设定后，模块之间的相互搭配和组合也是至关重要的。没有顺序的模块叠加，只会给广大买家一个很凌乱的感觉，出现这样的情况，将会流失很多顾客。如图 1-11 所示，使用了阶梯式的方式来对商品进行逐层的展示，由大到小、由上至下丰富商品的内容，让页面的布局更加灵活，具有一定的韵律感，并通过风格一致的标题栏对每组商品进行分类，用鲜艳的文字来展示商品的信息，清晰地表现出商品的形象。

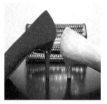

图 1-11　各个模块的合理布局

　　简洁大方的店面可以让广大买家在店铺浏览的时间延长。而对于如何搭配才是最好的，可以从那些很成功的、较大店家的装修布局中借鉴一些经验。在网店的总体上来讲，模块的整合要简洁明了，突出重点，形成一种视觉冲击，这也就是常常所说的视觉营销。

　　2．热销商品设计

　　皇冠级卖家在网上交易中发挥着巨大的力量，从他们的商品主页中，可以找到许多持久运营的秘籍，如图 1-12 所示。

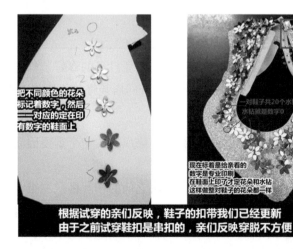

图 1-12　商品详解

3．页面设计生动

在网店的页面设计中，与短的页面相比，长页面虽然可以显示很多商品，但同时也会给顾客一种厌倦的感觉。

为了让顾客在购物的过程中保持一种新鲜感，我们可以从结构上展示商品与搭配商品的各种照片，与顾客不断地进行交流。再在自己店铺中使用顾客喜欢语言的展示他们想看的图片。这可以使顾客愉快地下拉滚动条，如图1-13所示。

图1-13　网店页面设计

4．自然引导购买

在购物的时候，大家都会有这样的一个经历：购买了一件商品后还想要找到和这件商品搭配的附属品，比如，买件衣服还想买件搭配的裤子。然后就逐个地去搜索，既浪费时间还不能省钱。

现在，购买搭配套餐组合商品，能够帮助买家一次解决问题，省事、省时、省钱，也就是所谓的"三省"。

5．准确介绍商品

在网上做买卖，最主要的是如何把自己的商品信息准确地传递给顾客，让顾客光顾自己的店铺。图片传递的只是商品的样式和颜色的信息，对于性能、材料、售后服务，买家一概不知，所有这些需要通过文字的描述来告诉买家。

在网上购物，商品描述是影响买家是否购买的一个重要因素。很多卖家也会花费大量的心思在商品描述上，但可能经过一段时间会发现花费大量的心思也没什么效果，用户的转化率还是不高，原因是什么呢？主要还是商品描述不够详细。卖家在介绍商品时，各方面的参

数都要详细准确,为顾客提供商品的详细信息,以方便顾客更准确地定位自己的需求。如图1-14所示,为详细准确的商品信息介绍。

图1-14　详细准确的商品信息

6. 相关证书展示

如果是功能性商品,就可以展示能够证明自己技术实力的资料,或者如实展示顾客所关心的商品制作过程,这些都是增强顾客对商家认可度的方法。如果电视、报纸等新闻媒体对商品曾有所报道,那么收集这些资料展示给顾客看,也是提高顾客购买倾向的好方法,如图1-15所示。

图1-15　微波炉认证证书

<<<<<

1.3.2 网店装修六大误区

在网上可以看到很多卖家的店铺装修得很漂亮。对于各种各样的店铺装修，稍微一不小心就会陷入装修的误区。下面介绍网店装修过程中常常见到的六大误区。

1．店铺名称

淘宝店铺装修店铺名称简洁，有的掌柜相信简单就是一种美，取的店名就两三个字。殊不知淘宝给掌柜 30 个字的编辑限度是很重要的。比如，笔者的店铺是做手机营业厅的，刚开始起的名字是"通讯在我家"，可是买家在搜索店铺关键词的时候，搜索手机、手机卡都是找不到的。店铺名称要利用好 30 个字，因为很多人会利用搜索店铺这个方法来对宝贝进行搜索。

2．图片展示

在有些店铺的首页装修中，店标、公告以及栏目分类等，全部都是使用图片，而且这些图片都很大。虽然图片能代表店铺的整体形象，但是却会使得买家浏览的速度过慢，或者是重要的公告没看到，这样就会让买家失去等待的耐心，从而造成顾客的流失。

3．背景音乐

背景音乐基本上是 MP3 格式的，一般在几兆左右，加载起来速度还是很慢的；有的背景音乐是在浏览宝贝的时候重复播放的，这一点相信很多顾客都会感到厌烦。为了贴近大众和提高网页打开速度，建议不要添加背景音乐；如果一定要添加，建议在醒目的地方提醒买家按 Esc 键就能取消播放。

4．店铺风格

有些卖家把店铺的色彩搭配得鲜艳亮丽，将界面做得五彩缤纷。色彩搭配及产品突出性方面体现在淘宝给掌柜提供了几种不同店铺的颜色风格。无论商家选择的是哪一种产品风格，图片的基本色调与公告的字体颜色最好与之对应，这样装修出来的店铺整体效果才能和谐统一。另外，签名档是一则很好的广告，应重点突出自己的产品特点，统一自己的店铺风格，并且要合理地利用好签名档。

5．页面布局

店铺装修的页面布局设计切忌繁杂，不要把店铺设计成门户类网站。虽然把店铺做成大网站看上去显得比较有气势，似乎店铺很有实力，但却影响了买家的使用，不合理或者复杂的布局设计会让人眼花缭乱。因此，不是所有可装修的地方都要装修或者必须装修的，局部区域不装修反而效果更好。总而言之，要让买家进入店铺首页或者商品详情页面以后，就能顺利找到自己想要的商品信息，并可以快捷地看清商品的详情。

6．图片水印尺寸

商家为了避免图片侵权的情况出现，通常都会在商品图片上添加自己店铺的水印。但是

如果不能准确地把握水印的尺寸大小，就会削弱商品的表现，出现喧宾夺主的情况。例如，如果图片水印是长条水印或者其他的外形，可以在 Photoshop 中修改图片水印尺寸的大小。

第 2 章

视觉出彩：
丰富网店页面的色彩与布局

学习提示

　　色彩是淘宝网店装修中的重要构成元素，在无形之中能体现店铺广告的主题内涵。色彩应用在淘宝网店中具有很强的识别性，能够突出版面的视觉度，同时决定了广告氛围的意向特征，影响着主题内涵的传达。本章主要介绍网店旺铺视觉营销设计的基础知识，包括色彩和色系的应用、字体风格的介绍以及网店版式设计等内容。

本章重点导航

◎ 无色系与彩色系
◎ 颜色的 3 种属性
◎ 色调奠定主旋律
◎ 暖色系配色效果
◎ 冷色系配色效果
◎ 对比配色在装修中的应用
◎ 调和配色在装修中的应用

◎ 字体风格的设计与运用
◎ 文字编排对页面的影响
◎ 设计文字的合理分割
◎ 网店布局元素分类
◎ 网店页面主图处理
◎ 网店布局版式引导

2.1 色彩常识：色彩设计知识解析

把店铺装修好，让自己的店铺更好看一点，更漂亮一点，这样就会在视觉上吸引顾客，给店铺带来更多的生意。对进入店铺的顾客来说，他们首先会被店铺中的色彩所吸引，然后根据色彩的走向对画面的主次进行逐一的了解。本节主要对网店的色彩设计知识进行讲解，这些基础知识也是后期网店装修配色中的关键所在。

2.1.1 无色系与彩色系

为了便于认识网店装修配色中的色彩变换，认识色彩的基本属性与基本规律，我们必须对色彩的种类进行分类与了解。丰富多样的颜色可以分成两大类：无彩色系和有彩色系。有彩色系的颜色具有 3 个基本特性：色相、纯度（也称彩度、饱和度）、明度，在色彩学上也称为色彩的三大要素或色彩的三属性。其中，饱和度为 0 的颜色为无彩色系。

在网店装修设计中，无彩色系和有彩色系都占有举足轻重的地位。无论是以有彩色为主体的画面效果，还是以单纯黑白灰构成的画面效果，都能给人带来一种奇幻无比的色彩感觉。充分、合理地利用色彩的类别与特性，可以使网店装修的画面获得意想不到的效果。

1. 无彩色系

无彩色系是指白色、黑色和由白色黑色调和形成的各种深浅不同的灰色。无彩色按照一定的变化规律，可以排成一个系列，由白色渐变到浅灰、中灰、深灰到黑色，色度学上称此为黑白系列。如图 2-1 所示，为无彩色系的店铺首页。

在色彩的概念中，很多人都习惯把黑、白、灰排除在外，认为它们是没有颜色的，其实在色彩的排序中，黑色、白色以及各种深浅不同的灰色系列，称为无彩色系。如左图所示，为以这 3 种色调为主构成的网店首页，这种画面也是别具一番风味的，在进行店铺装修的配色中，为了追求某种意境或者氛围，有时也会使用无彩色来进行搭配

图 2-1 无彩色系的店铺首页

无彩色没有色相的种类，只能以明度的差异来区分，如图 2-2 所示。无彩色没有冷暖的色彩倾向，因此也被称为中性色。

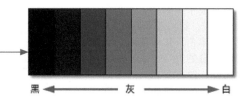

黑白系列中由白到黑的变化，可以用一条垂直轴表示，一端为白，一端为黑，中间有各种过渡的灰色。无彩色系的颜色只有一种基本性质——明度。它们不具备色相和纯度的性质，也就是说它们的色相和纯度在理论上都等于零

黑 ←————— 灰 —————→ 白

图 2-2　无彩色系

在无彩色系中，纯白是理想的完全反射的物体；纯黑是理想的完全吸收的物体。在现实生活中，并不存在纯白与纯黑的物体。颜料中采用的锌白和铅白只能接近纯白；煤黑只能接近纯黑。色彩的明度可用黑白度来表示，越接近白色，明度越高；越接近黑色，明度越低。黑与白作为颜料，可以调节物体色的反射率，使物体色提高明度或降低明度。

无彩色中的黑色是所有色彩中最黑暗的色彩，通常能够给人以沉重的印象，而白色是无彩色中最容易受到环境影响的颜色。如果设计的画面中白色的成分越多，画面效果就越单纯。而灰色则处于白色和黑色之间，它具有平凡、沉默的特征，很多时候在店铺装修中作为调节画面色彩的一种颜色，可以给顾客带来安全感和亲切感。如图 2-3 所示，为服装店铺装修中设计的商品详情页面。

该服装店铺通过将无彩色与有彩色进行结合，使其形成强烈的对比，凸显出商品的特点，削弱辅助图像的内容，同时这样的配色也让整个画面更具设计感和艺术感

图 2-3　商品详情页面

2．有彩色系

彩色是指红、橙、黄、绿、青、蓝、紫等颜色，不同明度和纯度的红橙黄绿青蓝紫色调都属于有彩色系。有彩色是由光的波长和振幅决定的，波长决定色相，振幅决定色调。如图 2-4 所示，为使用有彩色系进行配色的网店装修图片。

有彩色是指凡是带有某种标准色倾向的色，光谱中的全部色都属于有彩色，有彩色以红、橙、黄、绿、青、蓝、紫为基本色，其中基本色之间不同量的混合，以及基本色与黑、白、灰之间的不同量组合，会产生成千上万的有彩色

图 2-4　使用有彩色系进行配色的网店装修图片

💬 **专家指点**

　　在图像的制作过程中，根据有彩色的特性，可以通过调整其色相、明度以及纯度之间的对比关系，或通过各色彩间面积调和，可以搭配出色彩斑斓、变化无穷的网店装修画面效果。

2.1.2　颜色的三种属性

　　现在让我们更进一步地研究色彩是怎样表达的。如图 2-5 所示，是两个红色圆圈。下面通过对比来分析色彩的 3 种基本属性。

图 2-5　两个红色圆圈

- 色相：它们都是红色的。
- 明度：左边的颜色明显要比右边的更亮一些。
- 纯度：左边的纯度更高，右边的显得灰暗一些。

　　这就是为什么这两个红色圆圈颜色一开始看上去好像差不多，但仔细一看就不同了。因此我们说，色彩可以通过色相、明度和纯度 3 种属性综合表达。

1. 色相

苹果是红色的，柠檬是黄色的，天空是蓝色的。当我们考察不同色彩的时候，时常用色相来表示，如图 2-6 所示。我们用色相这一术语将色彩区分为红色、黄色或蓝色等类别。

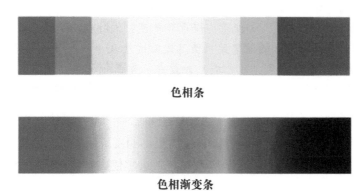

图 2-6　色相条与色相渐变条

色相是色彩的最大特征。所谓色相，是指能够比较确切地表示某种颜色色别的名称，也是各种颜色直接的区别，同样也是不同波长的色光被感觉的结果。

色相是由色彩的波长决定的，以红、橙、黄、绿、青、蓝、紫代表不同特性的色彩相貌，构成了色彩体系中的最基本色相。色相一般由纯色表示。

虽然红色和黄色是完全不同的两种色相，但我们可以混合它们来得到橙色。混合黄色和绿色可以得到黄绿色或青豆色，而绿色和蓝色混合则产生蓝绿色。因此，色相是互相关联的，我们把这些色相排列成圈，这个圈就是"色环"，如图 2-7 所示。

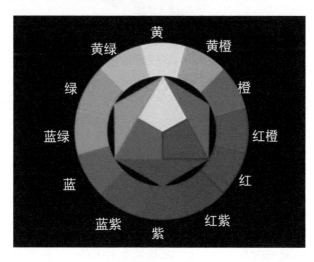

图 2-7　色环

专家指点

　　色环其实就是在彩色光谱中所见的长条形的色彩序列，只是将首尾连接在一起，使红色连接到另一端的紫色，色环通常包括 12 种不同的颜色。

　　暖色：暖色由红色调构成，如红色、橙色和黄色。这种颜色选择给人以温暖、舒适、有活力的感觉。这些颜色产生的视觉效果使其更贴近观众，并在页面上更显突出。

　　寒色（也称冷色）：冷色来自蓝色调，如蓝色、青色和绿色。这些颜色使配色方案显得稳定和清爽。它们看起来还有远离观众的效果，所以适于做页面背景。

　　Lab 颜色空间模型是当前最通用的用于表达物体色彩的量度系统，它是由国际照明委员会 (CIE) 在 1976 年统一制定的。在 Lab 颜色空间里，明度标示为 L，色相和彩度分别用 a 和 b 表示。数值越大，色彩越亮越纯；相反，数值越接近零值，则色彩越晦暗。如图 2-8 所示，为 Lab 颜色空间的平面图像。

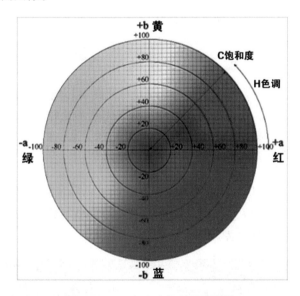

图 2-8　Lab 颜色空间的平面图像

专家指点

　　Lab 色彩模型由明度 (L) 和有关色彩的 a、b 三个要素组成。

　　L 表示明度 (Luminosity)，L 的值域由 0 ～ 100，L=50 时，就相当于 50% 的黑。

　　a 表示从洋红色至绿色的范围，b 表示从黄色至蓝色的范围。a 和 b 的值域都是由 +127 至 –128，其中 +127 a 就是红色，渐渐过渡到 –128 a 的时候就变成绿色；同样原理，+127 b 是黄色，–128 b 是蓝色。

　　所有的颜色就以这 3 个值交互变化所组成的。例如，一块色彩的 Lab 值是：L=100、a=30、b=0，这块色彩就是粉红色。（注：此模式中的 a 轴、b 轴颜色与 RGB 不同，洋红色更偏红，绿色更偏青，黄色略带红，蓝色有点偏青色）。

在进行网店装修的配色中，选择不同的色相，会对画面整体的情感、氛围、风格等产生影响。如图 2-9 所示，为两种不同色相搭配下的店铺装修效果。

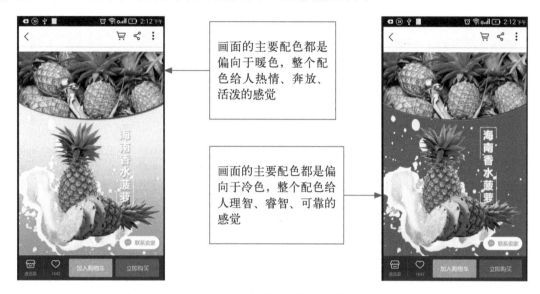

画面的主要配色都是偏向于暖色，整个配色给人热情、奔放、活泼的感觉

画面的主要配色都是偏向于冷色，整个配色给人理智、睿智、可靠的感觉

图 2-9　不同色相搭配下的店铺装修效果

2．明度

有些颜色显得明亮，而有些却显得晦暗。这就是为什么亮度是色彩分类的一个重要属性的原因。例如，柠檬的黄色就比葡萄柚的黄色显得更明亮一些。那如果将柠檬的黄色与一杯红酒的红色相比呢？显然，柠檬的黄色更明亮。可见，明度可以用于对比色相不同的色彩，如图 2-10 所示。

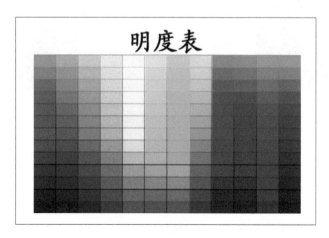

图 2-10　明度

在网店装修的配色过程中，明度也是决定文字可读性和修饰素材实用性的重要元素。在设计画面整体印象不发生变动的前提下，维持色相、纯度不变，通过加大明度差距的方法可以增添画面的张弛感，如图 2-11 所示。

图 2-11　色彩的明暗程度会随着光的明暗程度变化而变化

💬 专家指点

　　明度是眼睛对光源和物体表面的明暗程度的感觉，主要是由光线强弱决定的一种视觉经验。简单来说，明度可以简单理解为颜色的亮度，不同的颜色具有不同的明度。任何色彩都存在明暗变化。其中黄色明度最高，紫色明度最低，绿、红、蓝、橙的明度相近，为中间明度。另外，在同一色相的明度中还存在深浅的变化。例如，绿色中由浅到深有粉绿、淡绿、翠绿等明度变化。

　　同时，在网店装修的配色中，明度也是色彩的精髓，色彩的明度差异比色相的差别更容易让人将主体对象从背景中区分出来。图像与背景的明度越接近，辨别图像就会变得更困难。如图 2-12 所示，为同一图像在不同明度背景上的识别效果，

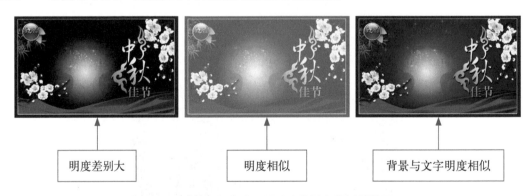

| 明度差别大 | 明度相似 | 背景与文字明度相似 |

图 2-12　同一图像在不同明度背景上的识别效果

　3．纯度

　　纯度用来表现色彩的鲜艳和深浅。色彩的纯度变化，可以产生丰富的强弱不同的色相，而且使色彩产生韵味与美感。

　　纯度是深色、浅色等色彩鲜艳度的判断标准。纯度最高的色彩是原色，随着纯度的降低，就会变化为暗淡的、没有色相的色彩。纯度降到最低就会失去色相，变为无彩色。

如图 2-13 所示，用色相相同的柠檬和卡其布做比较，很难用明度来解释这两种颜色的不同，而纯度这一概念则可以很好地解释为什么我们看到的柠檬与卡其布的颜色如此不同。因此，除了色相和明度，我们研究色彩时应该加上它的第三种属性：纯度。

柠檬：纯度高的色彩

柠檬卡其布：纯度高的色彩

图 2-13　柠檬与卡其布的颜色

纯度通常是指色彩的鲜艳度。从科学的角度看，一种颜色的鲜艳度取决于这一色相发射光的单一程度。人眼能辨别的有单色光特征的色，都具有一定的鲜艳度。不同的色相不仅明度不同，纯度也不相同。

纯度是说明色质的名称，也称饱和度或彩度、鲜度。色彩的纯度强弱，是指色相感觉明确或含糊、鲜艳或混浊的程度，如图 2-14 所示。高纯度色相加白或黑，可以提高或减弱其明度，但都会降低它们的纯度。如果加入中性灰色，也会降低色相纯度。

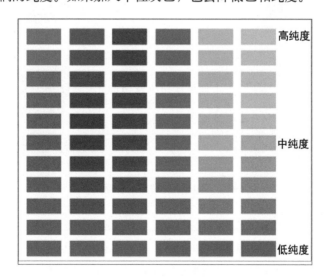

高纯度

中纯度

低纯度

图 2-14　纯度表

以红色为例，向纯红色中加入一点白色，纯度下降而明度上升，变为淡红色。继续加入白色的量，颜色会越来越淡，纯度下降，而明度持续上升。加入黑色或灰色，则相应的纯度和明度同时下降。同一色相的色彩，不掺杂白色或者黑色，则被称为纯色。在纯色中加入不同明度的无彩色，会出现不同的纯度，如图 2-15 所示。

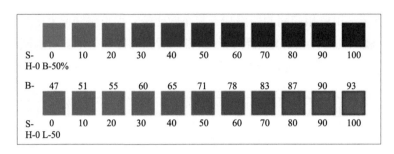

图 2-15　不同纯度的红色

色彩的纯度决定了色彩的鲜艳纯度。纯度越高的色彩，其图像的效果给人的感觉越艳丽，视觉冲击力和刺激力就越强；相反，色彩的纯度越低，画面的灰暗程度就越明显，其产生的画面效果就越柔和，甚至是平淡。

因此，在网店装修的配色过程中，要把握好色彩的纯度运用，才能营造出不同的视觉画面，让色彩的视觉效果与店铺的风格一致。如图 2-16 所示，为低纯度和高纯度配色商品摆放效果。

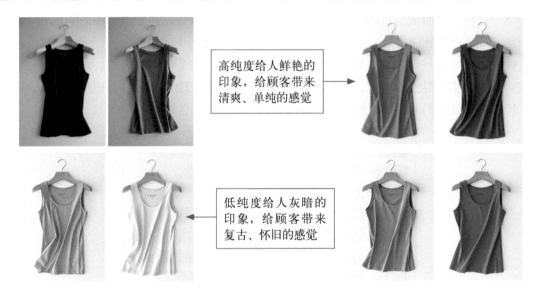

高纯度给人鲜艳的
印象，给顾客带来
清爽、单纯的感觉

低纯度给人灰暗的
印象，给顾客带来
复古、怀旧的感觉

图 2-16　不同纯度对比配色商品摆放

2.1.3　色调奠定主旋律

在大自然中，我们经常见到这样一种现象：不同颜色的物体或被笼罩在一片金色的阳光之中，或被笼罩在一片轻纱薄雾似的、淡蓝色的月色之中；或被秋天迷人的金黄色所笼罩；或被统一在冬季银白色的世界之中。这种在不同颜色的物体上，笼罩着某一种色彩，使不同颜色的物体都带有同一色彩倾向，这样的色彩现象就是色调。

色调是指网店页面中画面色彩的总体倾向，是大方向的色彩效果。在网店装修的过程中，往往会使用多种颜色来表现形式多样的画面效果，但总体都会持有一种倾向，是偏黄或偏绿，是偏冷或偏暖等。这种颜色上的倾向就是画面给人的总体印象，被称为色调，如图 2-17 所示。

图 2-17　不同色调的店铺装修效果

色调是色彩运用中的主旋律，是构成网店装修画面的整体色彩倾向，也可以称为"色彩的基调"。画面中的色调不仅仅是指单一的色彩效果，还是色彩与色彩直接相互关系中所体现的总体特征，是色彩组合的多样、统一中呈现出的色彩倾向。

1．色调色相的倾向

色相是决定色调最基本的因素，对色调起着重要的作用。色调的变化主要取决于画面中设计元素本身色相的变化。例如，某个网店呈现为红色调、绿色调或黄色调等，其指的就是注册画面设计元素的固有色相，就是这些占据画面主导地位的颜色决定了画面的色调倾向，如图 2-18 所示。抱枕网店装修画面中使用了大面积的绿色调。绿色作为一种中立颜色，代表生命、生机，有自然气息，符合该商品的主题特征。

图 2-18　色调色相的倾向

图 2-18　色调色相的倾向（续）

2．色调明度的倾向

当构成画面的基本色调确定之后，接下来的色彩明度变化也会对画面造成极大的影响。画面明亮或者暗淡，其实就是明度的变化赋予画面的不同明暗倾向。因此，在对一个网店装修的画面进行构思设计时，采用不同的明度的色彩能够创造出丰富的色调变化，如图2-19所示。

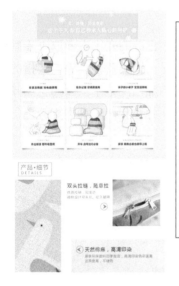

空调被店铺装修画面中使用明度值较高的色彩进行配色时，高明度色彩之间的明暗反差会变小，使得画面呈现出清淡、高雅、明快之感。同时，添加高明度色彩的商品，可以让画面显得更欢快，符合店铺的主题表现

图 2-19　色调明度的倾向

💬 专家指点

在店铺的装修画面中使用大面积的低明度色彩时，浓重、浑厚的色彩会给人深沉、凝重的感觉，并表现出具有深远寓意的画面效果。

3. 色调纯度的倾向

在色彩的三大基本属性中，纯度同样是决定色调不可或缺的因素。不同纯度的色彩所赋予的画面感觉也不同。我们通常所指的画面鲜艳度或昏暗均是由色彩的纯度所决定的。

在网店装修中，色调纯度的倾向，一般会根据商品具体的色彩来确认。不过，就色彩的纯度倾向而言，高纯度色调和低纯度色调都能赋予画面极大的反差，给顾客带来不同的视觉印象，如图2-20所示。

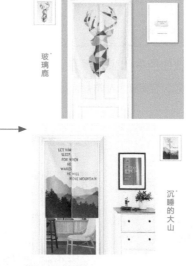

在低纯度的灰色画面中，显示出复古与怀旧的感觉，为原本平淡的画面增添了一种协调与惬意、高端与高品质的感觉，更加迎合钻戒商品的主题

当画面以高纯度的色彩组合表现主题时，鲜艳的色调可以表达出积极、强烈而冲动的印象。如左图所示的床上用品商品图像使用了纯度较高的色彩，使商品更加凸显，增强了视觉冲击力

图2-20　色调纯度的倾向

2.2 店铺配色：网店常用的冷暖色系

由于在社会环境中长期积累的认识、主观意向以及人类自身的生理反应，导致人们对色彩也会产生一种习惯性的反应与心理暗示。就色彩的冷暖而言，可以将色调分为冷色调和暖色调。在网店装修过程中，在表现刺激、活泼、热情、开放等氛围时，可以选择使用暖色系；在表现冷清、镇静、清爽等氛围时，则可以使用冷色系。因此，把握好色彩的冷暖就能搭配出不同情感的网店装修画面效果。

2.2.1 暖色系配色效果

暖色系是由太阳颜色衍生出来的颜色，如红色、黄色等，可以赋予画面热烈、活泼之感，给人以温暖柔和的感觉，能够使人情绪高涨。如图 2-21 所示，为使用暖色系进行配色的店铺装修效果。

如果在设计的网店中融入大量以红色、橙色为主的色调，此时的画面会呈现出温暖、舒适的感觉。此类的配色通常被称为暖色调，可以营造出一种喜庆、活跃的氛围。鲜艳的配色给人强烈的视觉震撼感，产生悦动、狂热的心理感受

图 2-21　使用暖色系进行配色的店铺装修效果

专家指点

暖色系包括红紫、红、红橙、橙、黄橙等色彩。从色彩本身的功能上来看，红色是最具兴奋作用的，同时也是最具热情和温暖的颜色。

对追求温暖感的网店而言，暖色系常常使人联想到火热的夏季、鲜艳的植物、热闹的氛围等。当想要表现出温暖的感觉时，选用暖色系，即可营造出强烈的火热氛围，给人热情、温暖的感觉。

2.2.2　冷色系配色效果

　　蓝色、绿色、紫色都属于冷色系，它相对于暖色系具有压抑心理亢奋的作用，令人感觉到冰凉、沉静等意象。在冷色系中，蓝色最具有清凉、冷静的作用，其他明度、纯度较低的冷色系也都具有使人感觉消极、镇静的作用。

　　例如，将以蓝色为主色的冷色调使用到网店装修画面中时，画面会呈现出令人感觉寒冷的氛围，可以给人造成寒冷、凉爽的感觉，如图 2-22 所示。

画面中以蓝色为背景主色调，具有明度变化的蓝色显得寂静而洁净，整个画面协调而统一，给人以雅致、高档的感觉

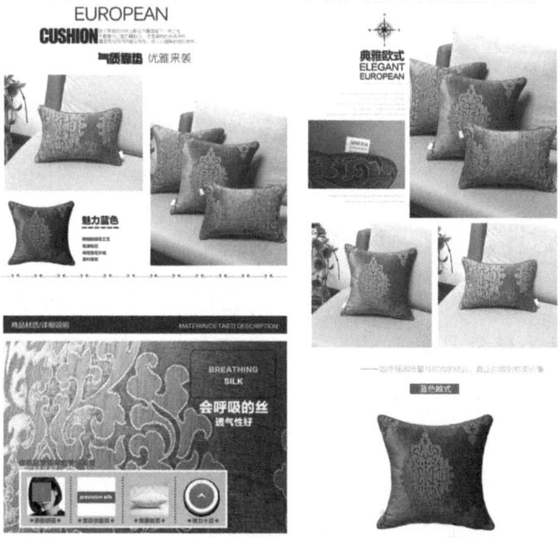

图 2-22　使用蓝色进行配色的店铺装修效果

　　在网店装修中，特别是针对夏季流行的商品，或者表达一种价格低至极致的感觉，网店通常都会使用蓝色这种冷色系的呆板色彩进行配色，传递出浓浓的凉意，让顾客感同身受，以达到提升转化率的目的，如图 2-23 所示。

以蓝色调为主的配色给画面带来凉意，同时符合冰雪造型的色彩。
冷色系不但可以给顾客带来冷清、空荡的感觉，还可以让他们感觉到如冰块般的寒冷、刺激的凉意，能够更形象地诠释出冷色配色所传达的意象

图 2-23　使用蓝色进行配色的店铺促销方案效果

在网店装修中，暖／冷色调分别给人以亲密／距离、温暖／凉爽之感。成分复杂的颜色要根据具体组成和外观来决定色性。另外，人对色性的感受也强烈受光线和邻近颜色的影响。冷色和暖色没有严格的界定，它是颜色与颜色之间对比相对而言的。如同是黄颜色，一种发红的黄看起来是暖颜色，而偏蓝的黄色给人的感觉则是冷色。

2.3 配色方案：解密网店配色技巧

从视觉的角度而言，顾客最先感知的便是网店装修画面中的色彩。任何色彩都具备色相、明度和纯度 3 个基本要素。如何正确地运用常见的配色方案，是网店装修设计必备的技能。

2.3.1 对比配色在装修中的应用

在我们生活的世界中，时时处处都充满着各种不同的色彩。人们在接触这些色彩的时候，常常都会以为色彩是独立的：天空是蓝色的，植物是绿色的，而花朵是红色的。其实，色彩就像音符一样，唯有一个个的音符才能共同谱出美妙的乐章。色彩亦是，实际上没有一个色彩是独立存在的，也没有哪一种颜色本身是好看的颜色或是不好看的颜色；相反，只有当色彩成为一组颜色组成中的其中一个的时候，我们才会说这个颜色在这里是协调或不协调、适合或不适合。

前面介绍过色彩是由色相、明度及纯度 3 种属性所组成，而其中的色相是人在最早认识色彩的时候所理解到的属性，也就是所谓色彩的名称，如红色、黄色、蓝色等。如图 2-24 所示，为最常见的 12 色相环。

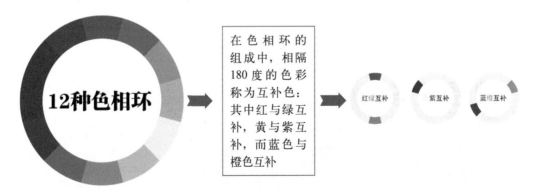

图 2-24　12 色相环

因为互补色有强烈的分离性，所以使用互补色的配色设计，可以有效加强整体配色的对比度、拉开距离感，而且能表现出特殊的视觉对比与平衡效果，使用得好能让作品给人以活泼、充满生命力的感受。如图 2-25 所示，为色相差异较大的对比配色的网店首页效果。

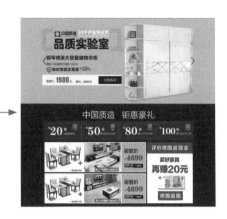

图中的网店首页，使用差异较大的单色背景来对画面进行分割，使其色相之间产生较大的差异，这样产生的对比效果就是色相对比配色。它让画面色彩更丰富，具有感官刺激性，能够很容易地吸引顾客的眼球，使其产生浓厚的兴趣

图 2-25　色相差异较大的对比配色的网店首页效果

　　色相的对比，往往是由于差别所产生的。色彩的对比其实也就是色相之间的矛盾关系。各种色彩在色相上产生细微的差别，都能够对画面产生一定的影响。色相的对比搭配可以使画面充满生机，并且具有丰富的层次感。

　　当然如果将色彩的条件稍微放宽一点，比如，180 度互补色的临近色系也搭入配色考虑的话，可以形成的色彩配色就更宽广、更丰富了。

　　由于互补色彩之间的对比相当强烈，因此想要适当地运用互补色，必须特别慎重考虑色彩彼此间的比例问题。因此，当使用对比色配色时，必须利用大面积的一种颜色与另一个面积较小的互补色来达到平衡。如果两种色彩所占的比例相同，那么对比会显得过于强烈。如图 2-26 所示，网店装修中使用大面积的黑色与小面积的灰白色形成对比。

同一种色彩，面积大而光量、色量亦增强，易见性及稳定性高。当较大面积的色彩成为主色时受周围色彩影响小，色彩的面积差异越大越容易调和。
左图中的网店广告采用面积对比的配色方案，可以让商品的特点更加醒目和清晰，产生较大的视觉冲击力，能够取得引人注目的效果

图 2-26　网店装修中的对比配色效果

专家指点

某日本设计师曾经针对色彩的配色提出比例原则75%、25%与5%的配色比例方式，其中的底色为大面积使用的底色，而主色与强调色则是可以利用互补色的特性，来将主色以及强调色都衬托出来，如图2-27所示。

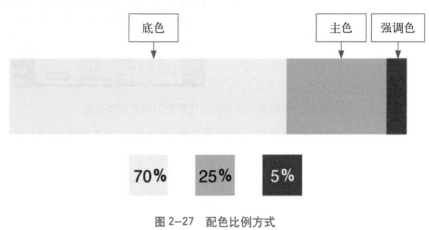

底色　　　　　　　主色　强调色

70%　　25%　　5%

图2-27　配色比例方式

例如，红与绿如果在画面上占有同样面积的时候，就容易让人头晕目眩。可以选择其中之一的颜色为大面积，构成主色，而另一颜色为小面积作为对比色。通常情况下，会以3:7甚至2:8的比例来作为分配原则。

2.3.2　调和配色在装修中的应用

"调"具有调整、调理、调停、调配、安顿、安排、搭配、组合等意思；"和"可理解为和一、和顺、和谐、和平、融洽、相安、适宜、有秩序、有规矩、有条理、恰当，没有尖锐的冲突，相互依存，相得益彰等解释。配色的目的就是制造美的色彩组合，而和谐是色彩美的首要前提，它使色调让人感觉到愉悦，同时调配后的颜色还能满足人们视觉上的需求以及心理上的平衡。

我们知道，和谐来自对比，和谐就是美。没有对比就没有刺激神经兴奋的因素，但只有兴奋而没有舒适的休息会造成过分的疲劳，会造成精神的紧张，这样调和也就成了一句空话。如此看来，既要有对比来产生和谐的刺激——美的享受，又要有适当的调和来抑制过分的对比——刺激，从而产生一种恰到好处的对比——和谐——美的享受。总体来说，色彩的对比是绝对的，而调和是相对的，调和是实现色彩美的重要手段。

1. 以色相为基础的调和配色

在保证色相大致不变的前提下，通过改变色彩的明度和纯度来达到配色的效果。这类配色方式保持了色相上的一致性，所以色彩在整体效果上很容易达到调和。

以色相为基础的配色方案主要有以下几种。

● 同一色相配色：指相同的颜色在一起的搭配，比如，蓝色的上衣配上蓝色的裤子或者裙子。这样的配色方法就是同一色相配色法，如图 2-28 所示。

画面中的文字、背景等都使用肉色进行搭配，通过明度的变化使其产生强烈的差异，也使得画面配色丰富起来，表现出柔和的特性

图 2-28　同一色相配色

● 类似色相配色：指色相环中类似或相邻的两个或两个以上的色彩搭配。例如：黄色、橙黄色、橙色的组合；紫色、紫红色、紫蓝色的组合等都是类似色相配色。类似色相配色的配色在大自然中出现得特别多，有嫩绿、鲜绿、黄绿、墨绿等。

● 对比色相配色：指在色环中，位于色环圆心直径两端的色彩或较远位置的色彩搭配。它包含了中差色相配色、对照色相配色、辅助色相配色。在 24 色相环中，两色相相差 4 ~ 7 个色，称为基色的中差色。在色相环上有 90°左右的角度差的配色就是中差配色；它的色彩对比效果明快，是深受人们喜爱的颜色。在色相环上，色相差为 8 ~ 10 的色相组合，被称为对照色。从角度上说，相差 135°左右的色彩配色就是对照色。色相差 11 ~ 12，角度为 165°~ 180°左右的色相组合，称为辅助色配色。

● 色相调和中的多色配色：在色相对比中，除了两色对比，还有三色、四色、五色、六色、八色甚至多色的对比。在色环中成等边三角形或等腰三角形的 3 个色相搭配在一起时，称为三角配色。四角配色常见的有红、黄、蓝、绿及红、橙、黄、绿、蓝、紫等色。

2．以明度为基础的调和配色

明度是人类分辨物体色最敏锐的色彩反应，它的变化可以表现事物的立体感和远近感。例如，希腊的雕刻艺术就是通过光影的作用产生了许多黑白灰的相互关系，形成了成就感；中国的国画也经常使用无彩色的明度搭配。有彩色的物体也会受到光影的影响而产生明暗效果，如紫色和黄色就有着明显的明度差。

明度可以分为高明度、中明度和低明度 3 类，这样明度就有了高明度配高明度、高明度配中明度、高明度配低明度、中明度配中明度、中明度配低明度、低明度配低明度 6 种搭配方式。其中，高明度配高明度、中明度配中明度、低明度配低明度，属于相同明度配色。在网店装修中，一般使用明度相同、色相和纯度变化的配色方式，如图 2-29 所示。

画面中的背景图片的配色均为高明度调和配色，带给人清爽、亮丽、阳光感强的印象，表现出优雅、含蓄的氛围，是一组柔和、明朗的色彩组合方式，非常符合画面中女性饰品的特点。

画面中通过色块和间隙来对布局进行分割，利用相同明度的不同色相完成配色，得到一种安静的视觉体验

图 2-29　以明度为基础的调和配色

3．以纯度为基础的调和配色

纯度的强弱代表着色彩的鲜灰程度。在一组色彩中当纯度的水平相对一致时，色彩的搭配也就很容易达到调和的效果。随着纯度高低的不同，色彩的搭配也会有不一样的视觉感受。如图 2-30 所示，为以纯度为基础的网店调和配色方案。

右图中为某饰品网店的首页设计，画面处于一种柔和的中性纯度的色调中，让人产生一种内心低调奢华的感觉

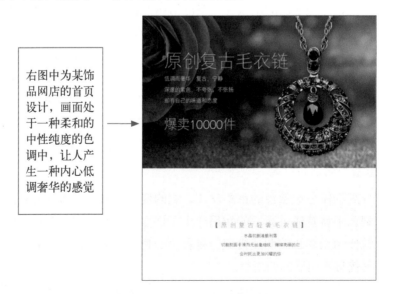

图 2-30　以纯度为基础的调和配色

💬 专家指点

　　PCCS(Practical Color Coordinate System) 色彩体系提出了色调这个观点。色调经过命名分类后，分布于不同的区域，更加方便配色使用。凡色调配色，要领有三，即同一色调配色、类似色调配色、对比色调配色。

- 同一色调配色：指将相同色调的不同颜色搭配在一起形成的一种配色关系。同一色调的颜色，色彩的纯度和明度具有共同性，明度按照色相略有变化。不同色调会产生不同的色彩印象，将纯色调全部放在一起，会产生活泼感；而婴儿服饰和玩具都以淡色调为主。在对比色相和中差色相的配色中，一般采用同一色调的配色手法，更容易进行色彩调和。
- 类似色调配色：即以色调配图中相邻或接近的两个或两个以上色调搭配在一起的配色。类似色调的特征在于色调和色调之间微小的差异，较统一色调有变化，不易产生呆滞感。
- 对比色调配色：对比色调配色是指相隔较远的两个或两个以上的色调搭配在一起的配色。对比色调配色在配色选择时，会因纵向或横向对比有明度及彩度上的差异，比如：浅色调和深色调配色，即为深与浅的明暗对比。

　　4．无彩色的调和配色

　　无彩色的色彩个性并不明显，将无彩色与任何色彩搭配都可以取得调和的色彩效果。通过无彩色与无彩色搭配，可以传达出一种经典的永恒美感；将无彩色与有彩色搭配，可以用其作为主要的色彩来调和色彩间的关系。

💬 专家指点

　　无彩色的彩色调和配色，在设计单品文案的时候，能够达到突出主体物的作用。

　　因此，在网店的装修设计中，有时为了达到某种特殊的效果，或者凸显出某个特殊的对象，可以通过无彩色调和配色来对设计的画面进行创作，如图2-31所示。

使用无彩色作为画面背景和辅助文字的颜色，而其余的商品图像使用有彩色，这样的配色让商品的细节和主题文字更加突出

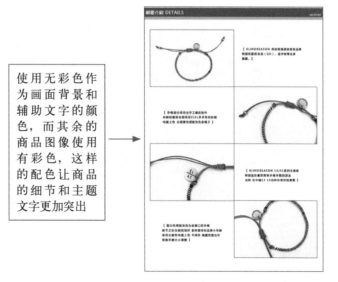

图2-31　无彩色的调和配色

2.4　文字应用：网店文字应用技巧

在网店装修画面中，文字的表现与商品展示同等重要，它可以对商品、活动、服务等信息进行及时的说明和指引，并且通过合理的设计和编排，让信息的传递更加准确。本节将对网店装修中的文字设计和处理进行详细的讲解。

2.4.1　字体风格的设计与运用

当我们登入了一个店铺首页的时候，你是否会有意或无意地留意到属于这个店铺的特定的字体设计或者使用，从而影响到你对这个店铺最直观的感受，是精致、优雅、科幻、古典，还是觉得粗糙难看呢？

字体风格形式多变，如何利用文字进行有效的设计与运用，是把握字体更改最为关键的问题。当对文字的风格与表现手法有了详尽的了解后，便能有助于我们进行字体设计。在网店装修中，常见的字体风格有线型、手写型、书法型、规整型等，不同的字体可以表现出不同的风格。

💬 **专家指点**

商品图片与文字两者组合形成文案，文字的字体风格也对文案的情感传达有着重要的影响作用。

1. 线型字体

线型字体是指文字的笔画每个部分的宽窄都相当，表现出一种简洁、明快的感觉，在网店装修设计中较为常用。常用的线型字体有"方正细圆简体""幼圆"等，如图 2-32 所示。

图 2-32　线型字体

2. 手写型字体

手写型字体是一种使用硬笔或者软笔纯手工写出的文字。手写体文字代表了中国汉字文化的精髓。这种手写体文字，大小不一、形态各异，在计算机字库中很难实现错落有致的效果。手写体的形式因人而异，带有较为强烈的个人风格。

在网店中使用手写体，可以表现出一种不可模仿的随意和不受局限的自由性。有时为了迎合画面整个的设计风格，适当地使用手写型字体，可以让店铺的风格表现更加淋漓尽致，如图 2-33 所示。

随意的手写体表现出浓浓的民族原汁原味的自然风情

图 2-33　手写型字体

3．书法型字体

书法型字体，就是书法风格的分类。书法字体，传统讲共有行书字体、草书字体、隶书字体、燕书字体、篆书字体和楷书字体 6 种，也就是 6 个大类。在每一大类中又细分若干小的门类，如篆书又分大篆、小篆，楷书又有魏碑、唐楷之分，草书又有章草、今草、狂草之分。

书法型字体是中国独有的一种传统艺术，字体外形自由、流畅，且富有变化，笔画间会显示出洒脱和力道，是一种传神的精神境界。在网店装修的过程中，为了迎合活动的主题，或者是配合商品的风格，很多时候使用书法型字体可以让画面中文字的外形设计感增强，表现出独特的韵味，如图 2-34 所示。

画面是双十一期间设计的店铺公告，为了双十一购物节，在创作中使用了书法型字体进行表现，颇有美感

图 2-34　书法型字体

4．规整型字体

规整型字体是指利用标准、整齐外形的字体，可以表现出一种规整的感觉。这样的字体也是网店装修中较为常用的字体，它能够准确、直观地传递出商品和店铺的信息。

在网店的版面构成中，利用规整型字体，并通过调整字体间的排列间隔，结合不同长短的文字可以很好地表现出画面的节奏感，给人以大气、端正的印象，如图 2-35 所示。

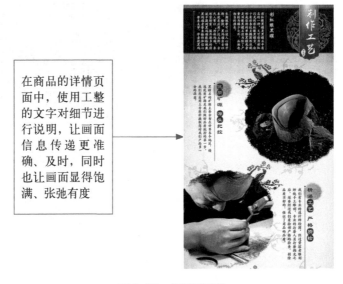

在商品的详情页面中，使用工整的文字对细节进行说明，让画面信息传递更准确、及时，同时也让画面显得饱满、张弛有度

图 2-35　规整型字体

💬 专家指点

除了上述介绍了几种较为常用的字体外，还有图形文字、花式文字、意象文字等，它们的外形都各有特点，且风格迥异。

2.4.2　文字编排对页面的影响

为了让网店的画面布局变得更有调理，同时提高整体内容的表述力，从而利于顾客进行有效的阅读以及接受其主题信息，在装修中还需要考虑整体编排的规整型，并适当加入带有装饰性的设计元素，用来提升画面美感，让文字编排更加具有设计感。

要做到这些要求，必须深入了解网店的文字编排规则，即文字描述必须符合版面主题的要求、段落排列的易读性以及整齐布局的审美性。

1．文字描述必须符合版面主题的要求

在网店装修设计中，文字编排不但要达到主题内容的要求，其整体排列风格还必须要符合设计对象的形象，才能保证版面文字能够准确无误地传达出信息，如图 2-36 所示。

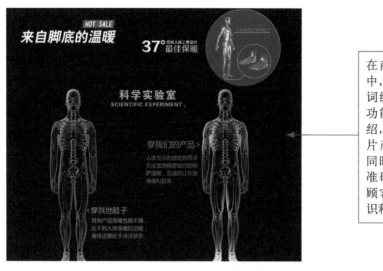

图 2-36　准确性的文字编排

2．段落排列的易读性

在网店的文字编排设计中，易读性是指通过特定的排列方式使文字能带给顾客更好的阅读体验，让顾客阅读起来更加顺遂、流畅。

在实际的网店装修过程中，可以通过宽松的文字间隔、设置大号字体、多种不同字体进行对比阅读的方式，让段落文字之间产生一定的差异，使得文字信息主次清晰，增强文字的易读性，让顾客更快地抓住店铺或商品的重点信息，如图 2-37 所示。

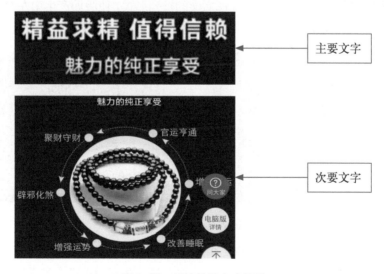

图 2-37　易读性的文字编排

3．整齐布局的审美性

对网店来说，页面的美感是所有设计工作中必不可缺的重要因素。整齐布局的审美性就是指通过事物的美感来吸引顾客，使其对画面中的信息和商品产生兴趣。在字体编排方面，设计者可以对字体本身添加一些带有艺术性的设计元素，以从结构上增添它的美感，如图2-38所示。

图中的网店店招设计中，通过添加可爱的设计元素，将其与单一的文字组合在一起，利用位置的巧妙安排，既增强其趣味性，也提升了整个文字的艺术性

图2-38　整齐布局的审美性

2.4.3　设计文字的合理分割

在网店的装修设计中，运用合理的文字分割方式，可以对图文进行合理的规划，并使它们之间的关系得到有效协调，从而把握好商品或者模特图片与文字的搭配效果。根据切割走向的不同，可以将文字的编排手法划分为垂直分割和水平分割两种方式。

1. 垂直分割

垂直分割包括左图右文和左文右图两种类型。

● 左图右文：通过垂直切割将版面分列成左右两个部分，把商品或模特图片文字分别排列在版面的左边与右边，从而形成左图右文的排列形式，使版面产生由左至右的视觉流程，符合人们的阅读习惯，在结构上可以给顾客带来顺遂、流畅的感觉，如图2-39所示。

图中为促销方案的也能设计，将图文分别以左右的形式排列在画面中，依次形成由左至右的阅读顺序，该排列方式不仅迎合了顾客的阅读习惯，同时还增强了手机商品和文字在版面上的共存性。

图2-39　左图右文

● 左文右图：该分割方式与左图右文相反，而是将文字放在画面的左侧，把商品或者模特的图片放在右侧，如图2-40所示。左文右图的分割方式可以借助图片的吸引力，使画面产生由右至左的视觉效果，与人们的阅读喜好恰好相反，可以在视觉上给顾客带来一种新奇的感觉，也是网店装修的首页海报中常用的一种方式。

图中是某食品店铺首页的欢迎模块的设计效果，设计者利用左文右图的排列方式，打破了人们常规的阅读习惯，从而在视觉上形成奇特的布局样式，容易给顾客留下深刻的印象

图 2-40　左文右图

2．水平分割

水平分割主要包括上文下图和上图下文两种类型。

● 上文下图：在文字的编排中，通过水平切割将画面划分成上下两个部分，同时将文字与图片分别排列在视图的上部和下部，从而构成上文下图的排列方式，可以使视觉形象变得更为沉稳，给人带来一种上升感，以增强版面整体的表现力，如图 2-41 所示。

图 2-41　上文下图

💬 专家指点

　　文字与图片的结合应用，在店面的页面设计中，需要注重两者之间的编排，不同的分割方式，能给画面带来不同的效果。

● 上图下文：将画面进行水平分割，分别将图片与文字置于画面的上端与下端，从而构成上图下文的编排方式，可以从形式上增强它们之间的关联性，同时借助特殊的排列位置，还能增强文字整体给人的视觉带来的安稳、可靠的感受，从而增强顾客对版面信息的信赖度，如图 2-42 所示。

在展示多种商品的编排中，基本都是使用上图下文的编排方式进行设计的。

左图中的商品使用上图下文的方式进行编排，以突出图片信息在视觉上的表达，同时为文字与图片选用中轴来进行对齐，使商品图片与文字之间的空间关联得到加强

图 2-42　上图下文

2.5　布局版式：网店版式布局技巧

在网店的运营过程中，可以通过制作美观、适合商品的页面，达到吸引顾客、提高销售业绩的效果，而关键之处就在于装修设计的版式布局。

2.5.1　网店布局元素分类

在一个完整的网店布局中，通常包括这些元素：店招、促销栏（公告、推荐）、产品分类导航、签名、产品描述、计数器、挂件、欢迎欢送图片、商家在线时间、联系方式等，这些元素的布局没有固定的章法可循，主要靠设计师的灵活运用与搭配。

只有在大量设计实践中熟练运用，才能真正理解版式布局设计的形式原则，并善于运用，从而创作出优秀的网店装修作品。

1. 对称与均衡

对称又称"均齐"，是在统一中求变化；平衡则侧重在变化中求统一。对称的图形具有单纯、简洁的美感，以及静态的安定感。对称给人以稳定、沉静、端庄、大方的感觉，产生秩序、理性、高贵、静穆之美。对称的形态在视觉上有安定、自然、均匀、协调、整齐、典雅、庄重、完美的朴素美感，符合人们通常的视觉习惯。

均衡的形态设计让人产生视觉与心理上的完美、宁静、和谐之感。静态平衡的格局大致是由对称与均衡的形式构成。均衡结构是一种自由稳定的结构形式。一个画面的均衡是指画面的上与下、左与右取得面积、色彩、重量等量上的大体平衡。

在画面上，对称与均衡产生的视觉效果是不同的，前者端庄静穆，有统一感、格律感，但如过分均等就显得呆板；后者生动活泼，有运动感，但有时因变化过强而易失衡。因此，

在设计中要注意把对称、均衡两种形式有机地结合起来灵活运用，如图 2-43 所示。

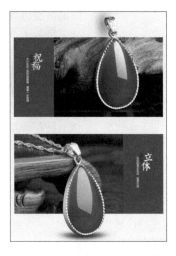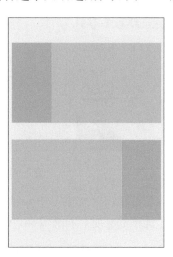

图 2-43　对称与均衡的布局表现形式

💬 专家指点

　　对称与均衡是一切设计艺术最为普遍的表现形式之一。对称构成的造型要素具有稳定感、庄重感和整齐的美感，对称属于规则式的均衡的范畴；均衡也称平衡，它不受中轴线和中心点的限制，没有对称的结构，但有对称的重心，主要是指自然式均衡。在设计中，均衡不等于均等，而是根据景观要素的材质、色彩、大小、数量等来判断视觉上的平衡，这种平衡给视觉带来的是和谐。对称与均衡是把无序的、复杂的形态组构成秩序性的、视觉均衡的形式美。

常用的版式布局的对齐方式有左对齐、右对齐、居中对齐和组合对齐，各自具体的特点如下。

● 左对齐：左对齐的排列方式有松有紧，有虚有实，具有节奏感，如图 2-44 所示。

如右图所示的网店装修设计图，文字与设计元素都使用左对齐的方式，让版面整体具有很强的节奏感

图 2-44　左对齐布局

● 右对齐：右对齐的排列方式与左对齐刚好相反，具有很强的视觉性，适合表现一些特殊的画面效果，如图 2-45 所示。

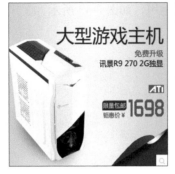 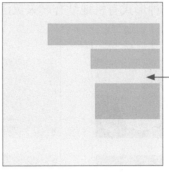

如左图所示的店铺主图装修设计效果，采用文字与设计元素都使用右对齐的方式，整个画面的视觉中心向右偏移，让人们的阅读习惯产生新鲜感，显得新颖有趣，可以提高顾客的兴趣

图 2-45　右对齐布局

● 居中对齐：是指让设计元素以中心轴线对齐的方式，可以让顾客视线更加集中、突出，具有庄重、优雅的感觉，如图 2-46 所示。

如左图所示的网店促销方案装修设计图，文字与设计元素都使用居中对齐的方式，给人带来视觉上的平衡感

图 2-46　居中对齐布局

2．节奏与韵律

节奏与韵律是物质运动的一种周期性表现形式，有规律的重复、有组织的变化现象，是艺术造型中求得整体统一和变化，从而形成艺术感染力的一种表现形式。韵律是通过节奏的变化来产生的。对版面来说，只有在组织上符合某种规律并具有一定的节奏感，才能形成某种韵律。

在网店的装修设计中，合理运用节奏与韵律，就能将复杂的信息以轻松、优雅的形式表现出来，如图 2-47 所示。

3．对比与调和

从文字内容分析，对比与调和是一对充满矛盾的综合体，但它们实质上却又是相辅相成的统一体。在网店的装修设计中，画面中的各种设计元素都存在着相互对比的关系。但为了找到视觉和心理上的平衡，设计师往往会在不断的对比中寻求能够相互协调的因素，让画面同时具备变化与和谐的审美情趣。

● 对比：对比是差异性的强调。对比的因素存在于相同或相异的性质之间，也就是把相对的两要素互相比较之下，产生大小、明暗、黑白、强弱、粗细、疏密、高低、远近、动静、轻重等对比。对比的最基本要素是显示主从关系和统一变化的效果，如图 2-48 所示。

如右图所示的商品展示装修设计图，3 幅图片的色彩和布局统一，相同形式的构图，体现出画面的韵律感，而每个画面中的商品形态和内容又各不相同，这样又表现出节奏的变化，节奏的重复使组成节奏的各个元素都能够得到体现，让商品信息的展示显得更加轻松

图 2-47　节奏与韵律的版面布局表现形式

如左图所示为商品详页的装修设计图，画面中的黑色手链与右侧的文字，在明度上相似，但是在面积和疏密关系上存在明显的差异，因此整个画面既有色彩和面积上的对比，又显得和谐、统一

图 2-48　对比布局的表现形式

- 调和：调和是指适合、舒适、安定、统一，是近似性的强调，使两者或两者以上的要素相互具有共性，对比与调和是相辅相成的，如图 2-49 所示。在网店的版面构成中，一般整体版面宜采用调和，而局部版面宜采用对比。

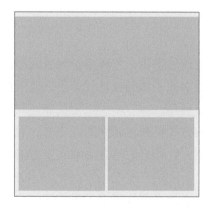

图 2-49　调和布局的表现形式

💬 专家指点

　　画面中下面采用两张较小的图片排列整齐，且大小一致，虽然与上方较大的图片在色彩与外形上采用了同样的表现形式，但是整体画面却既对立又和谐地组合在一起。

4．重复与交错

在网店的版面布局中，不断重复使用相同的基本形或线，它们的形状、大小、方向都是相同的。重复使设计产生安定、整齐、规律的统一，如图 2-50 所示。

但重复构成后的视觉感受有时容易显得呆板、平淡、缺乏趣味性的变化。因此，我们在版面中可安排一些交错与重叠，打破版面呆板、平淡的格局，如图 2-51 所示。

图 2-50　重复布局的表现形式　　　　图 2-51　交错布局的表现形式

专家指点

网店装修设计的整体思路如下。
- 店铺装修目标：做一个客户喜欢、值得信赖的店铺。
- 指导思想：从客户的角度来装修店铺。
- 实现方法：从店铺中布局、色调、产品图片、产品描述、公司介绍等任何一个细节处处体现专业化、人性化。

5．虚实与留白

虚实与留白是网店的版面设计中重要的视觉传达手段，主要用于为版面增添灵气和制造空间感。两者都是采用对比与衬托的方式将版面中的主体部分烘托而出，使版面结构主次更加清晰，同时也能使版面更具层次感，如图 2-52 所示。

在商品的描述页面中，将商品细节以曲线的方式排列在画面的左下方，右上方则利用背景图片进行修饰，在画面中表现出明显的轻重感，让顾客的注意力被左下方的信息所吸引，给人留下深刻的印象。

任何形体都具有一定的实体空间，而在形体之外或形体背后呈现的细弱或朦胧的文字、图形和色彩就是虚的空间。实体空间与虚的空间之间没有绝对的分界。画面中每一个形体在占据一定的实体空间后，常常会需要利用一定的虚的空间来获得视觉上的动态与扩张感。版面虚实相生，主体得以强调，画面更具连贯性。

中国传统美学上有"计白守黑"这一说法。就是指编排的内容是"黑"，也就是实体，斤斤计较的却是虚实的"白"，也可为细弱的文字，图形或色彩，这要根据内容而定。留白则是版面未放置任何图文空间，它是"虚"的特殊表现手法。其形式、大小、比例决定着版面的质量。留白给人一种轻松的感觉，最大的作用是引人注意。在排版设计中，巧妙地留白，讲究空白之美，是为了更好地衬托主题，集中视线和造成版面的空间层次。

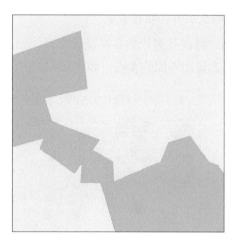

图 2-52　虚实与留白布局的表现形式

2.5.2　网店页面主图处理

在网店的装修设计中，图片是除了文字外的另一个重要的传递信息途径，也是网络销售和微营销中最需要重点设计的一个设计元素。店铺中的商品图片不但是其装修画面中的一个重要组成部分，而且它比文字的表现力更直接、更快捷、更形象、更有效，可以让商品的信息传递更简洁。

1. 裁剪抠图，提炼精华

在网店装修设计中，大部分的商品图片都是由摄影师拍摄的照片。它们在表现形式上大都是固定不变的，或者是内容上只有一部分符合装修需要，此时就需要裁剪图片或者进行抠图处理，使它们符合版面设计的需求，如图 2-53 所示。

图 2-53　抠图并重新布局商品图片

将手表从繁杂的背景中抠取出来，以直观、直接的方式呈现出来，让顾客能够一目了然，对商品的展示具有非常积极的作用，也让商品的外形、特点更加醒目，避免过多的信息影响顾客的阅读体验。

2．缩放图片，组合布局

对同一种商品照片的布局设计来说，如果进行不同比例的缩放，也会获得不同的视觉效果，从而凸显出不同的重点，如图 2-54 所示。

图 2-54　缩放图片进行组合布局

专家指点

例如，通过将实物商品放置在画面中，并将周围留白，使画面具有一种真实的氛围感，这样也让版面具有很强的空间感。

将图片进行缩放，展示出商品的细节，让顾客对商品的材质了解更清晰，真实地还原商品的质感，更容易获得顾客的认可，给人逼真的触感。在处理图片的过程中，通过实拍照片展示商品的整体效果，凸显出商品的外形特点，让顾客对商品的注意更加集中。

需要注意的是，网店装修设计与普通的网页设计不同，它重点需要展示的是商品本身。因此，在某些设计的过程中，适当对商品以外的图像进行遮盖，可以让商品的特点得以凸显，获得顾客更多的关注，如图 2-55 所示。

画面中心的商品造型在粉色留白背景中显得轮廓清晰而醒目，利用光影的强弱对比，使得主体商品突出又富有立体感。

<<<<<

图 2-55　对商品以外的图像进行遮盖以突出商品

2.5.3　网店布局版式引导

在网店的装修设计过程中，视觉流程是一个宏观上的重要设计因素。视觉流程是指布局对顾客的视觉引导，指导顾客的视线关注范围和方位，这些都可以通过页面视觉流程的指向规划来实现。版式布局的视觉流程可以分为单向形版面指向和曲线形版面指向。

1．单向形视觉流程

单向形版面指向可以将信息在有安排的情况下一一地传递给顾客，是网店布局设计中的必不可缺的视觉流程。它可以通过竖向、横向、斜向的引导，使顾客更加明确地了解店铺中的内容，如图 2-56 所示。

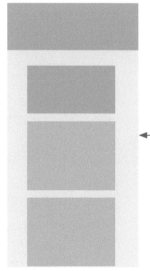

垂直视觉给顾客以安定而直观的感觉，让顾客的视线随着画面的下移而改变，但是这样的设计要注意每组信息之间的间隔，避免造成头重脚轻、上身虚浮的情况，而使人产生视觉疲劳

图 2-56　单向形视觉流程

2．曲线形视觉流程

曲线形视觉流程是指将画面的所有设计要素按照曲线或者回旋线的变化排列，可以给人一种曲折迂回的视觉感受，如图 2-57 所示。

曲线形视觉流程可以让顾客的视线集中在商品所要表达的重要信息上，使画面的局部形成一个强调效果，让其更加突出地呈现出来。这种强调的手法可以通过放大、弯曲、对比等技巧来体现，尽可能地根据人们的视线移动方向进行排列布局，是较为典型的曲线形的版面指向

图 2-57　曲线形视觉流程

第 3 章

软件入门：
Photoshop 软件的基本操作

学习提示

　　Photoshop CC 是非常优秀的图像处理软件，掌握该软件的基本操作，可以为学习 Photoshop 网店设计打下扎实的基础。本章向读者介绍 Photoshop CC 的基础操作，主要包括图像文件基本操作、窗口显示基本设置以及调整图像显示方式等内容。

本章重点导航

◎ 安装 Photoshop CC 软件
◎ 卸载 Photoshop CC 软件
◎ 启动 Photoshop CC 软件
◎ 退出 Photoshop CC 软件
◎ 新建图像文件
◎ 打开与置入操作
◎ 保存商品文件
◎ 关闭商品文件

◎ 显示与隐藏面板
◎ 复制与删除图层
◎ 最大化与最小化显示商品图像
◎ 改变商品图像窗口排列方式
◎ 商品图像编辑窗口的切换操作
◎ 商品图像的放大与缩小操作
◎ 使用抓手工具移动商品图像

3.1　安装启动：掌握 Photoshop 基础操作

用户学习软件的第一步，就是要掌握这个软件的安装方法。下面主要介绍 Photoshop CC 安装、卸载、启动及退出的操作方法。

3.1.1　安装 Photoshop CC 软件

Photoshop CC 的安装时间较长，在安装的过程中需要耐心等待。如果计算机中已经有其他的版本，不需要卸载其他的版本，但需要将正在运行的软件关闭。

下面介绍安装 Photoshop CC 软件的具体操作方法。

素材文件	无
效果文件	无
视频文件	视频 \ 第 3 章 \3.1.1　安装 Photoshop CC 软件 .mp4

步骤 01 打开 Photoshop CC 的安装软件文件夹，双击 Setup.exe 文件，安装软件开始初始化。初始化之后，会显示一个"欢迎"界面，选择"试用"选项，如图 3-1 所示。

步骤 02 执行上述操作后，进入"需要登录"界面，单击"登录"按钮，如图 3-2 所示。

图 3-1　选择"试用"选项　　　　　　　图 3-2　单击"登录"按钮

步骤 03 执行上述操作后，进入相应界面，单击"以后登录"按钮（需要断开网络连接），如图 3-3 所示。

步骤 04 进入"Adobe 软件许可协议"界面，单击"接受"按钮，如图 3-4 所示。

步骤 05 进入"选项"界面，在"位置"下方的文本框中设置相应的安装位置，然后单击"安装"按钮，如图 3-5 所示。

步骤 06 系统会自动安装软件，进入"安装"界面，显示安装进度，如图 3-6 所示。如果用户需要取消安装，单击左下角的"取消"按钮即可。

步骤 **07** 在弹出的窗口中提示此次安装完成，然后单击右下角的"关闭"按钮，即可
完成 Photoshop CC 的安装操作，如图 3-7 所示。

图 3-3 单击"以后登录"按钮

图 3-4 单击"接受"按钮

图 3-5 单击"安装"按钮

图 3-6 显示安装进度

图 3-7 单击"关闭"按钮

专家指点

　　Photoshop 是目前最流行的图像处理软件之一，它经过多年的发展完善，已经成为功能相当强大、应用极其广泛的应用软件，被誉为"神奇的魔术师"。

　　Photoshop 是美国 Adobe 公司开发的优秀图形图像处理软件，它的理论基础是色彩学，通过对图像中各像素的数字描述，实现了对数字图像的精确调控。Photoshop 可以支持多种图像格式和色彩模式，能同时进行多图层处理，它无所不能的选择工具、图层工具、滤镜工具能使用户得到各种手工处理或其他软件无法得到的美妙图像效果。不但如此，Photoshop 还具有开放式结构，能兼容大量的图像输入设备，如扫描仪、数码相机等。

3.1.2　卸载 Photoshop CC 软件

　　Photoshop CC 的卸载方法比较简单，在这里用户需要借助 Windows 的卸载程序进行操作，或者运用杀毒软件中的卸载功能来进行卸载。如果用户想要彻底地移除 Photoshop 相关文件，就需要找到 Photoshop 的安装路径，删掉这个文件夹。

　　下面介绍卸载 Photoshop CC 软件的具体操作方法。

素材文件	无
效果文件	无
视频文件	视频 \ 第 3 章 \3.1.2　卸载 Photoshop CC 软件 .mp4

　　步骤 01　在 Windows 操作系统中打开"控制面板"窗口，单击"程序和功能"图标，在弹出的窗口中选择 Adobe Photoshop CC 选项，然后单击"卸载"按钮，如图 3-8 所示。

　　步骤 02　在弹出的"卸载选项"窗口中选中需要卸载的软件，然后单击右下角的"卸载"按钮，如图 3-9 所示。

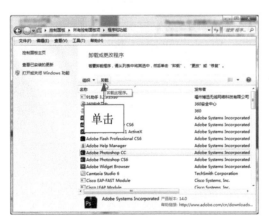

图 3-8　单击"卸载"按钮　　　　　　图 3-9　单击"卸载"按钮

　　步骤 03　执行上述操作后，系统开始卸载 Photoshop 软件，并进入"卸载"窗口，显示软件卸载进度，如图 3-10 所示。

<<<<<

步骤 04 稍等片刻，弹出"卸载完成"窗口，单击右下角的"关闭"按钮，即可完成软件卸载，如图 3-11 所示。

图 3-10　显示卸载进度　　　　　　　　　图 3-11　单击"关闭"按钮

3.1.3　启动 Photoshop CC 软件

　　由于 Photoshop CC 程序需要较大的运行内存，所以 Photoshop CC 的启动时间较长，在启动的过程中需要耐心等待。

　　双击桌面上的 Photoshop CC 快捷方式，即可启动 Photoshop CC 程序，如图 3-12 所示。程序启动后，即可进入 Photoshop CC 工作界面，如图 3-13 所示。

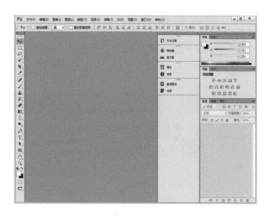

图 3-12　启动程序　　　　　　　　　图 3-13　Photoshop CC 工作界面

3.1.4　退出 Photoshop CC 软件

　　在图像处理完成后，或者在使用完 Photoshop CC 软件后，就需要关闭 Photoshop CC 程序，以保证电脑运行速度。

　　单击 Photoshop CC 窗口右上角的"关闭"按钮，如图 3-14 所示。若在工作界面中进行了部分操作，之前也未保存，在退出该软件时，会弹出信息提示对话框，单击"是"按钮，

将保存文件；单击"否"按钮，将不保存文件；单击"取消"按钮，将不退出 Photoshop CC 程序，如图 3-15 所示。

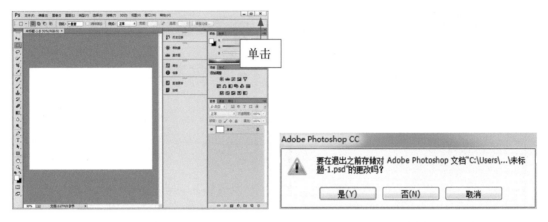

图 3-14 单击"关闭"按钮　　　　　　　　　图 3-15 信息提示对话框

3.2 简单编辑：商品图像的基本处理

在 Photoshop CC 软件中，用户若想要绘制或编辑商品图像，就需要了解图像的基本操作，才可以实现商品的美化。

3.2.1 新建图像文件

在菜单栏中选择"文件"|"新建"命令，在弹出的"新建"对话框中，设置"名称"为"新商品图像文件"、"预设"为"默认 Photoshop 大小"，如图 3-16 所示。

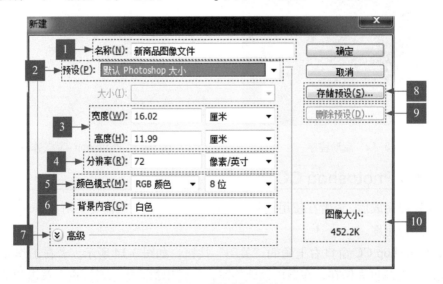

图 3-16 "新建"对话框

在"新建"对话框中，各主要选项含义如下。

1 名称：设置文件的名称，也可以使用默认的文件名。创建文件后，文件名会自动显示在文档窗口的标题栏中。

2 预设：可以选择不同的文档类别，如 Web、A3、A4 打印纸、胶片和视频等常用的尺寸预设。

3 宽度/高度：用来设置文档的宽度和高度，在各自的右侧下拉列表框中选择单位，如像素、英寸、毫米、厘米等。

4 分辨率：设置文件的分辨率。在右侧的下拉列表框中可以选择分辨率的单位，如"像素/英寸"或"像素/厘米"。

5 颜色模式：用来设置文件的颜色模式，如"位图""灰度""RGB 颜色""CMYK颜色"等。

6 背景内容：设置文件背景内容，如"白色""背景色""透明"等。

7 高级：单击"高级"按钮，可以显示出对话框中隐藏的内容，如"颜色配置文件"和"像素长宽比"等。

8 存储预设：单击此按钮，打开"新建文档预设"对话框，可以输入预设名称并选择相应的选项。

9 删除预设：当选择自定义的预设文件以后，单击此按钮，可以将其删除。

10 图像大小：读取使用当前设置的文件大小。

执行操作后，单击"确定"按钮，即可新建一个空白的商品图像文件，如图 3-17 所示。

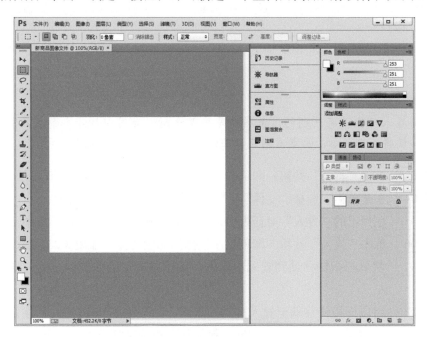

图 3-17　新建商品图像文件

3.2.2 打开与置入操作

在 Photoshop CC 软件中，经常需要打开一个或多个商品图像文件进行编辑和修改，它可以打开多种文件格式，也可以同时打开多个商品图像文件。如果正在编辑商品图像文件，可通过"置入"命令将指定的商品图像文件置于当前正在编辑的商品图像文件中。

下面介绍打开与置入商品图像的具体操作方法。

素材文件	素材 \ 第 3 章 \3.2.2(a).jpg、3.2.2(b).jpg
效果文件	效果 \ 第 3 章 \3.2.2. psd
视频文件	视频 \ 第 3 章 \3.2.2　打开与置入操作 .mp4

步骤 01　在菜单栏中选择"文件"|"打开"命令，如图 3-18 所示。

步骤 02　在弹出的"打开"对话框中，选择需要打开的图像文件，如图 3-19 所示。

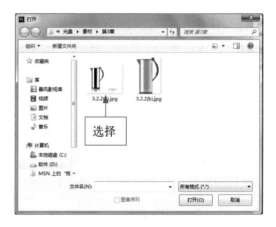

图 3-18　选择"打开"命令　　　　　图 3-19　选择需要打开的图像文件

💬 **专家指点**

打开与置入功能是有区别的。虽然都是导入素材。当用户打开多个商品图像时，是以多个商品编辑窗口显示；而置入则是以在编辑窗口中分不同的图层显示。

步骤 03　单击"打开"按钮，即可打开选择的图像文件，如图 3-20 所示。

步骤 04　在菜单栏中选择"文件"|"置入"命令，如图 3-21 所示。

步骤 05　在弹出的"置入"对话框中，选择需要置入的图像文件，如图 3-22 所示。

步骤 06　单击"置入"按钮，即可置入选择的图像文件，如图 3-23 所示。

步骤 07　将鼠标指针移动到置入图像上，按住鼠标左键拖曳到合适位置，如图 3-24 所示。

步骤 08　将鼠标指针移动至置入文件控制点上，按住 Shift 键的同时按住鼠标左键并拖曳，等比例缩放图片至合适大小，按 Enter 键确认，得到最终效果，如图 3-25 所示。

图 3-20　打开选择的图像文件

图 3-21　选择"置入"命令

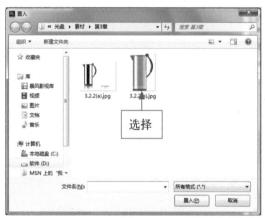

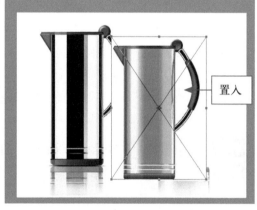

图 3-22　选择需要置入的图像文件

图 3-23　置入选择的图像文件

图 3-24　拖曳到合适位置

图 3-25　最终效果

专家指点

除了可以运用上述方法打开商品图像文件以外，还有以下两种方法。

● 按 Ctrl+O 组合键，也可以弹出"打开"对话框。

● 选择需要打开的商品图像文件，按住鼠标左键拖曳商品图像文件至 Photoshop 工作界面，放开鼠标即可打开该商品图像文件。

另外，如果用户需要打开一组连续的文件，可以在"打开"对话框中选择第一个文件后，按住 Shift 键的同时再选择最后一个要打开的文件，即可选择一组连续的文件。在 Photoshop 中，运用"置入"命令，可以在图像中置入 EPS、AI、PDP 和 PDF 格式的图像文件，该命令主要用于将一个矢量图像文件转换为位图图像文件。置入一个图像文件后，系统将创建一个新的图层。

需要用户注意的是，CMYK 模式的图片文件只能置入与其模式相同的图片。

3.2.3 保存商品文件

在 Photoshop CC 软件中，可保存多种文件格式。

下面介绍保存商品图像文件的具体操作。

素材文件	素材 \ 第 3 章 \3.2.3.jpg
效果文件	效果 \ 第 3 章 \3.2.3. jpg
视频文件	视频 \ 第 3 章 \3.2.3　保存商品文件 .mp4

步骤 01 在菜单栏中选择"文件"|"打开"命令，打开商品图像素材，如图 3-26 所示。

步骤 02 在菜单栏中选择"文件"|"存储为"命令，如图 3-27 所示。

图 3-26　打开商品图像素材　　　图 3-27　选择"存储为"命令

步骤 03 执行上述操作后，弹出"另存为"对话框，设置保存路径、文件名称和保存格式，如图 3-28 所示。

<<<<<

步骤 04 单击"保存"按钮，弹出信息提示框，单击"确定"按钮，即可保存商品图像文件，如图 3-29 所示。

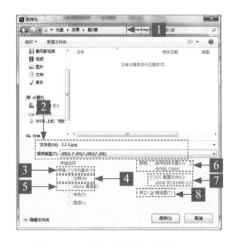

图 3-28 "另存为"对话框

图 3-29 单击"确定"按钮

在"另存为"对话框中，各主要选项含义如下。

1 保存在：用户保存图层文件的位置。

2 文件名/保存类型：用户可以输入文件名，并根据需要选择不同的文件保存格式。

3 作为副本：选中该复选框，可以另存一个副本，并且与源文件保存的位置一致。

4 注释：用户自由选择是否存储注释。

5 Alpha 通道/图层/专色：用来选择是否存储 Alpha 通道、图层和专色。

6 使用校样设置：当文件的保存格式为 EPS 或 PDF 的时候，才可选中该复选框。用于保存打印用的校样设置。

7 ICC 配置文件：用于保存嵌入文档中的 ICC 配置文件。

8 缩览图：创建图像缩览图，方便以后在"打开"对话框中的底部显示缩览图。

💬 专家指点

除了可以运用上述方法弹出"另存为"对话框外，还有以下两种方法。

● 快捷键1：按 Ctrl+S 组合键。

● 快捷键2：按 Ctrl+Shift + S 组合键。

当前编辑的商品图像文件只有在没有保存过的情况下，才会弹出"另存为"对话框。若文件保存过，则不会弹出"另存为"对话框，而是直接保存。

3.2.4 关闭商品文件

在运用 Photoshop 软件的过程中，当新建或打开许多商品图像文件时，就需要关闭其中的一些商品图像文件，然后再进行下一步的工作。

在菜单栏中选择"文件"|"关闭"命令，如图 3-30 所示。执行操作后，即可关闭当前正在编辑的商品图像文件，如图 3-31 所示。

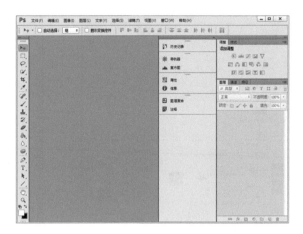

图 3-30 选择"关闭"命令   图 3-31 关闭图像文件

专家指点

除了运用上述方法关闭图像文件外，还有以下 4 种常用的方法。
- 快捷键 1：按 Ctrl+W 组合键，关闭当前文件。
- 快捷键 2：按 Alt + Ctrl+W 组合键，关闭所有文件。
- 快捷键 3：按 Ctrl+Q 组合键，关闭当前文件并退出 Photoshop。
- 按钮：单击图像文件标题栏上的"关闭"按钮。

3.2.5 显示与隐藏面板

在对商品进行编辑时，通常都会用到浮动控制面板。浮动控制面板主要用于对当前图像的颜色、图层、通道及相关的操作进行设置。面板位于工作界面的右侧，用户可以进行分离、移动、组合等操作。

专家指点

在默认情况下，浮动面板分为 6 种："图层""通道""路径""创建""颜色"和"属性"。用户可根据需要将它们进行任意分离、移动和组合。

例如，将"颜色"浮动面板脱离原来的组合面板窗口，使其成为独立的面板，可在"颜色"标签上按住鼠标左键并将其拖曳至其他位置；若要使面板复位，只需要将其拖回原来的组合面板窗口内即可。按 Tab 键可以隐藏工具箱和所有的浮动面板；按 Shift + Tab 组合键可以隐藏所有浮动面板，且保留工具箱的显示。

在菜单栏中选择"窗口"菜单项，在下拉菜单中选择相应的面板命令，如图 3-32 所示。

执行上述操作后，面板前会出现勾选记号，面板就会显示在 Photoshop CC 工作界面右侧，如图 3-33 所示。

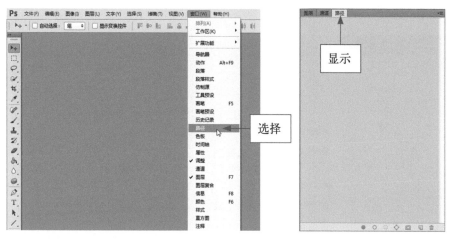

图 3-32 选择"路径"命令　　　　图 3-33 显示"路径"面板

隐藏面板只需再次选择"窗口"菜单中带标记的命令即可。

3.2.6 复制与删除图层

复制图层可以将当前图层的商品图像完全复制于其他图层上，在美化商品过程中可以节省大量操作时间。当图层已经不需要时，可以将其删除。

下面介绍复制与删除商品图像图层的具体操作。

素材文件	素材 \ 第 3 章 \3.2.6.jpg
效果文件	无
视频文件	视频 \ 第 3 章 \3.2.6　复制与删除图层 .mp4

步骤 01　在菜单栏中选择"文件"|"打开"命令，打开商品图像素材，如图 3-34 所示。

步骤 02　展开"图层"面板，选择"背景"图层，如图 3-35 所示。

图 3-34 打开商品图像素材　　　　图 3-35 选择"背景"图层

步骤 03 单击鼠标右键，在弹出的快捷菜单中选择"复制图层"命令，如图 3-36 所示。

步骤 04 执行上述操作后，弹出"复制图层"对话框，单击"确定"按钮即可复制商品图像，如图 3-37 所示。

图 3-36 选择"复制图层"命令

图 3-37 复制商品图像

步骤 05 选择"背景拷贝"图层，单击鼠标右键，在弹出的快捷菜单中选择"删除图层"命令，如图 3-38 所示。

步骤 06 执行上述操作后，弹出删除图层信息提示对话框，单击"是"按钮，即可删除商品图像，如图 3-39 所示。

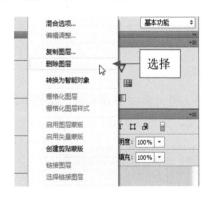

图 3-38 选择"删除图层"命令

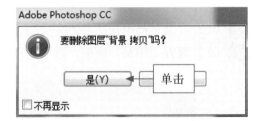

图 3-39 单击"是"按钮

3.3 常用操作：排列与显示商品图像

在 Photoshop CC 中，用户可以同时打开多个商品图像文件，其中当前图像编辑窗口将会显示在最前面。用户可以根据工作需要移动窗口位置、调整窗口大小、改变窗口排列方式或在各窗口之间切换，让工作环境变得更加简洁。

3.3.1　最大化与最小化显示商品图像

在 Photoshop CC 中，单击标题栏上的"最大化"按钮和"最小化"按钮，即可将商品图像的窗口以最大化或最小化显示。

在菜单栏中选择"文件"｜"打开"命令，打开商品图像素材，将鼠标指针移动至图像窗口的标题栏上，按住鼠标左键的同时并向下拖曳，如图 3-40 所示。

单击图像编辑窗口标题栏上的"最大化"按钮，即可最大化窗口，如图 3-41 所示。单击图像编辑窗口标题栏上的"最小化"按钮，即可最小化窗口。

图 3-40　单击标题栏并向下拖曳　　　图 3-41　单击"最大化"按钮

3.3.2　改变商品图像窗口排列方式

在 Photoshop CC 中，当打开多个商品图像文件时，每次只能显示一个图像编辑窗口内的商品图像。若用户需要对多个窗口中的内容进行比较，则可将各窗口以水平平铺、浮动、层叠、选项卡等方式进行排列。

下面介绍调整商品图像窗口排列的具体操作方法。

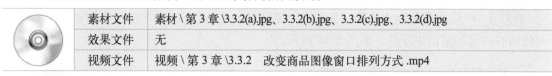

素材文件	素材 \ 第 3 章 \3.3.2(a).jpg、3.3.2(b).jpg、3.3.2(c).jpg、3.3.2(d).jpg
效果文件	无
视频文件	视频 \ 第 3 章 \3.3.2　改变商品图像窗口排列方式 .mp4

步骤 **01**　在菜单栏中选择"文件"｜"打开"命令，选择并打开多个商品图像素材，如图 3-42 所示。

步骤 **02**　在菜单栏中选择"窗口"｜"排列"｜"平铺"命令，如图 3-43 所示。

步骤 **03**　执行上述操作后，即可平铺窗口中的商品图像，如图 3-44 所示。

步骤 **04**　在菜单栏中选择"窗口"｜"排列"｜"在窗口中浮动"命令，如图 3-45 所示。

图 3-42　打开多个商品图像素材

图 3-43　选择"平铺"命令

图 3-44　平铺窗口中的商品图像

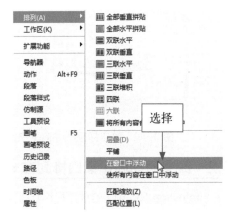

图 3-45　选择"在窗口中浮动"命令

步骤 **05**　执行上述操作后，即可使当前编辑窗口浮动排列，如图 3-46 所示。

步骤 **06**　在菜单栏中选择"窗口"|"排列"|"使所有内容在窗口中浮动"命令，即可使所有内容在窗口中浮动，如图 3-47 所示。

图 3-46　当前编辑窗口浮动排列

图 3-47　所有内容在窗口中浮动

<<<<<

步骤 07 在菜单栏中选择"窗口"|"排列"|"将所有内容合并到选项卡中"命令，如图3-48所示。

步骤 08 执行上述操作后，即可使图像窗口以选项卡的方式进行排列，如图3-49所示。

步骤 09 在菜单栏中选择"窗口"|"排列"|"平铺"命令，对 3.3.2(d).jpg 商品图像素材显示的位置进行调整，如图 3-50 所示。

步骤 10 在菜单栏中选择"窗口"|"排列"|"匹配位置"命令，即可使图像以"匹配位置"的方式进行排列，如图 3-51 所示。

图 3-48 选择"将所有内容合并到选项卡中"命令　　　图 3-49 图像窗口以选项卡的方式排列

图 3-50 调整素材显示位置　　　　　　图 3-51 以"匹配位置"的方式排列图像

💬 **专家指点**

当用户需要对窗口进行适当的布置时，将鼠标指针移至图像窗口的标题栏上，按住鼠标左键的同时并拖曳，即可将图像窗口拖动到屏幕任意位置。

3.3.3 商品图像编辑窗口的切换操作

在 Photoshop CC 软件中，用户在处理商品图像时，如果在界面的图像编辑窗口中同时打开多幅商品图像，则可以根据需要在各窗口之间进行切换，让工作界面变得更加方便、快捷，从而提高工作效率。

在菜单栏中选择"文件"|"打开"命令，打开多个图像素材，将所有图像设置在窗口中浮动，如图 3-52 所示。将鼠标移动至 3.3.3(a) 图像素材的编辑窗口上，单击鼠标左键，即可将素材图像置为当前编辑窗口，如图 3-53 所示。

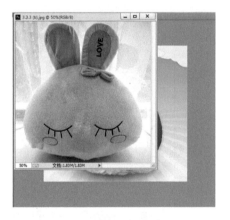

图 3-52 所有图像在窗口中浮动

图 3-53 将图像置为当前窗口

专家指点

除了运用本实例的方法可以切换图像编辑窗口外，还有以下 3 种方法。
- 快捷键 1：按 Ctrl+Tab 组合键。
- 快捷键 2：按 Ctrl+F6 组合键。
- 窗口菜单：选择"窗口"菜单，在弹出的菜单列表中的最下方，Photoshop 会列出当前打开的所有素材图像的名称，单击任意一个图像名称，即可将其切换为当前图像窗口。

3.3.4 商品图像的放大与缩小操作

用户在编辑商品图像过程中有时需要查看图像精细部分，此时可以灵活运用缩放工具，随时对商品图像进行放大或缩小。

下面介绍放大和缩小商品图像的具体操作方法。

素材文件	素材 \ 第 3 章 \3.3.4.jpg
效果文件	无
视频文件	视频 \ 第 3 章 \3.3.4 商品图像放大与缩小操作 .mp4

<<<<<

步骤 01 在菜单栏中选择"文件"|"打开"命令，打开商品图像素材，如图 3-54 所示。

步骤 02 选取工具箱中的缩放工具，在工具属性栏中单击"放大"按钮，如图 3-55 所示。

图 3-54 打开商品图像素材

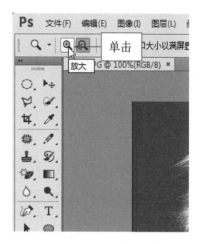

图 3-55 单击"放大"按钮

步骤 03 将鼠标指针移至图像编辑窗口中，此时鼠标指针呈带加号的放大镜形状，在图像编辑窗口中单击鼠标左键，即可放大图像，如图 3-56 所示。

步骤 04 在工具属性栏中单击"缩小"按钮，将鼠标指针移至图像编辑窗口中，单击鼠标左键，即可缩小图像，如图 3-57 所示。

图 3-56 放大图像

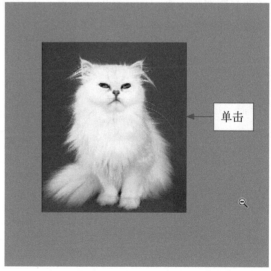

图 3-57 缩小图像

专家指点

除了运用上述方法可以放大显示图像外，还有以下 3 种方法。

- 命令：选择"视图"|"放大"命令。
- 快捷键 1：按 Ctrl+ +组合键，可以逐级放大图像。
- 快捷键 2：按 Ctrl+ 空格组合键，当鼠标指针呈带加号的放大镜形状时，单击鼠标左键，即可放大图像。

选取缩放工具后，每单击一次鼠标左键，图像就会缩小 1/2。例如，图像以 200% 的比例显示在屏幕上，在图像中单击鼠标左键，则图像将缩小至原图像的 100%。

3.3.5　使用抓手工具移动商品图像

用户在编辑商品图像时，当商品图像尺寸较大，或者由于放大窗口显示比例而不能显示全部商品图像时，可以使用抓手工具移动画面，查看和编辑商品图像的不同区域。

下面介绍运用抓手工具移动商品图像的具体操作方法。

素材文件	素材 \ 第 3 章 \3.3.5.jpg
效果文件	无
视频文件	视频 \ 第 3 章 \3.3.5　使用抓手工具移动商品图像 .mp4

> **步骤 01** 在菜单栏中选择"文件"|"打开"命令，打开商品图像素材，如图 3-58 所示。

> **步骤 02** 选取工具箱中的缩放工具，在工具属性栏中单击"放大"按钮，将鼠标指针移动至图像编辑窗口中，此时鼠标指针呈带加号的放大镜形状，在图像编辑窗口中单击鼠标左键，即可放大图像，如图 3-59 所示。

图 3-58　打开商品图像素材

图 3-59　放大图像

> **步骤 03** 选取工具栏中的抓手工具，将鼠标指针移动至图像编辑窗口，如图 3-60 所示。

> **步骤 04** 按住鼠标左键并拖曳鼠标，即可移动图像，如图 3-61 所示。

<<<<<

图 3-60　选取抓手工具

图 3-61　移动图像

💬 **专家指点**

除了使用菜单栏中的"文件"|"打开"命令选取抓手工具以外，还可使用快捷键 H。

使用绝大多数工具时，按住空格键不放都可切换为抓手工具，放开空格键后即可还原为之前正在使用的工具。

3.3.6　适合屏幕显示商品图像

当商品图像被放大到一定程度后，需要恢复全图时，用户在工具属性栏中单击"适合屏幕"按钮，即可按适合屏幕大小方式显示商品图像。

在菜单栏中选择"文件"|"打开"命令，打开商品图像素材，选取工具箱中的缩放工具，将素材图像放大，如图 3-62 所示。

在工具属性栏中，单击"适合屏幕"按钮，执行上述操作后，即以适合屏幕的大小显示图像，如图 3-63 所示。

图 3-62　放大图像

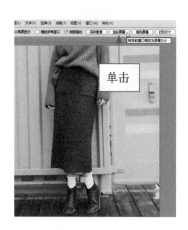

图 3-63　以适合屏幕的大小显示图像

专家指点

除了运用本实例中的方法将商品图像以最合适的比例完全显示外，在 Photoshop 中还有以下两种方法。

● 工具：双击工具箱中的抓手工具。

● 快捷菜单：当鼠标指针呈放大镜形状时，单击鼠标右键，在弹出的快捷菜单中，选择"按屏幕大小缩放"命令。

3.3.7 按区域显示商品图像

在 Photoshop CC 中，如果用户只需要查看商品图像的某个区域时，就可以运用缩放工具，局部放大区域图像，或者运用导航器面板进行查看。

下面介绍按区域显示商品图像的具体操作方法。

素材文件	素材 \ 第 3 章 \3.3.7.jpg
效果文件	无
视频文件	视频 \ 第 3 章 \3.3.7　按区域显示商品图像 .mp4

步骤 01　在菜单栏中选择"文件"|"打开"命令，打开商品图像素材，如图 3-64 所示。

步骤 02　在工具箱中选取缩放工具，将鼠标指针移动到需要放大的图像区域，按住鼠标左键的同时拖曳，如图 3-65 所示。

步骤 03　至合适位置后释放鼠标左键，即可放大显示框选的区域，如图 3-66 所示。

步骤 04　在菜单栏中选择"窗口"|"导航器"命令，如图 3-67 所示。

步骤 05　执行上述操作后，弹出"导航器"面板，如图 3-68 所示。

步骤 06　将鼠标指针移至红色方框内，按住鼠标并拖曳，即可按区域查看局部放大图片，如图 3-69 所示。

图 3-64　打开商品图像素材

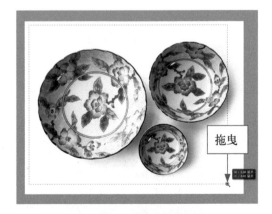

图 3-65　按住鼠标左键同时拖曳

图 3-66　放大显示框选的区域

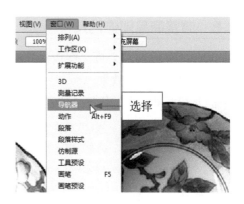

图 3-67　选择"导航器"命令

图 3-68　"导航器"面板

图 3-69　按区域查看局部放大图片

在"导航器"面板中，各选项含义如下。

1 代理预览区域：将光标移到此处，单击鼠标左键可以移动画面。

2 缩放文本框：用于显示窗口的显示比例，用户可以根据需要设置缩放比例。

3 缩放滑块：拖动该滑块可以放大和缩小窗口。

4 "缩小"按钮：单击"缩小"按钮，可以缩小窗口的显示比例。

5 "放大"按钮：单击"放大"按钮，可以放大窗口的显示比例。

专家指点

除了上述方法可以移动"导航器"面板中图像显示区域外，还有以下 5 种方法。

● 方法 1：按 Home 键可将"导航器"面板中的显示框移动到左上角。

● 方法 2：按 End 键可将显示框移动到右下角。

● 方法 3：按 Page Up 键或 Page Down 键可将显示框向上或向下滚动。

● 方法 4：按 Ctrl+Page Up 或 Page Down 组合键可将显示框向左或向右滚动。

● 方法 5：按 Page Up 键、Page Down 键、Ctrl+Page Up 组合键或 Ctrl+Page Down 组合键的同时按 Shift 键，可将显示框分别向上、向下、向左或向右滚动 10 像素。

3.3.8　调整商品图像的尺寸

在 Photoshop CC 中，商品图像尺寸越大，所占的空间也越大。更改商品图像的尺寸会直接影响商品图像的显示效果。

下面介绍调整商品图像尺寸的具体操作方法。

素材文件	素材 \ 第 3 章 \3.3.8.jpg
效果文件	效果 \ 第 3 章 \3.3.8.jpg
视频文件	视频 \ 第 3 章 \3.3.8　调整商品图像的尺寸 .mp4

步骤　01　在菜单栏中选择"文件"|"打开"命令，打开商品图像素材，如图 3-70 所示。

步骤　02　在菜单栏中选择"图像"|"图像大小"命令，如图 3-71 所示。

图 3-70　打开商品图像素材

图 3-71　选择"图像大小"命令

步骤　03　在弹出的"图像大小"对话框中，设置"宽度"为 90 厘米，如图 3-72 所示。

步骤　04　单击"确定"按钮，即可完成调整图像尺寸的操作，如图 3-73 所示。

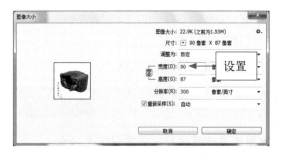

图 3-72　设置"宽度"为 90 厘米

图 3-73　调整图像尺寸

3.3.9　调整商品画布的尺寸

在 Photoshop CC 中，画布指的是实际打印的工作区域，图像画布尺寸的大小是指当前商品图像周围工作空间的大小，改变画布大小会直接影响商品图像最终的输出效果。

下面介绍调整商品画布尺寸的具体操作方法。

素材文件	素材 \ 第 3 章 \3.3.9.jpg
效果文件	效果 \ 第 3 章 \3.3.9. jpg
视频文件	视频 \ 第 3 章 \3.3.9 调整商品画布的尺寸 .mp4

步骤 01　在菜单栏中选择"文件"|"打开"命令，打开商品图像素材，如图 3-74 所示。

步骤 02　在菜单栏中选择"图像"|"画布大小"命令，如图 3-75 所示。

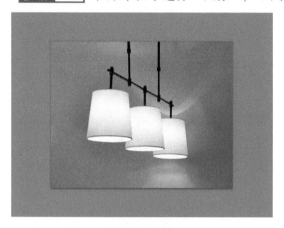

图 3-74　打开商品图像素材

图 3-75　选择"画布大小"命令

步骤 03　弹出"画布大小"对话框，在"新建大小"选项区设置"宽度"为 35 厘米，设置"画布扩展颜色"为"背景"，如图 3-76 所示。

步骤 04　执行上述操作后，单击"确定"按钮，即可完成画布大小的调整，如图 3-77 所示。

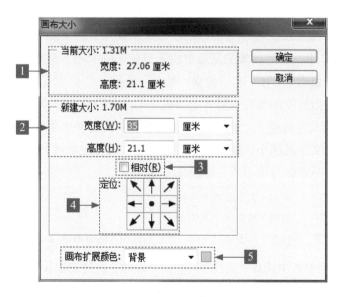

图 3-76　设置画布大小

在"画布大小"对话框中，各选项含义如下。

1 当前大小：显示的是当前画布的大小。

2 新建大小：用于设置画布的大小。

3 相对：选中该复选框后，在"宽度"和"高度"选项后面将出现"锁链"图标，表示改变其中某一选项设置时，另一选项会按比例同时发生变化。

4 定位：该区域显示的是一个九宫格，里面有8个方向的箭头，想把空白放在原图的哪个区域，就将原点放置在哪个区域。

5 画布扩展颜色：在"画布扩展颜色"下拉列表中可以选择填充新画布的颜色。

图 3-77   完成画布大小的调整

3.3.10   调整商品图像的分辨率

在 Photoshop CC 中，商品图像的品质取决于分辨率的大小。分辨率指的是单位长度上像素的数目，通常用"像素/英寸"或"像素/厘米"表示。

图像的分辨率是指位图图像在每英寸上所包含的像素数量，单位是 dpi(dots per inch)。分辨率越高，商品图像文件就越大，商品图像也就越清晰，处理速度就会相应变慢；反之，分辨率越低，商品图像文件就越小，商品图像就越模糊，处理速度就会相应变快。

下面介绍调整商品图像分辨率的具体操作方法。

素材文件	素材\第3章\3.3.10.jpg	
效果文件	效果\第3章\3.3.10.jpg	
视频文件	视频\第3章\3.3.10 调整商品图像的分辨率.mp4	

步骤 01 在菜单栏中选择"文件"|"打开"命令，打开商品图像素材，如图3-78所示。

步骤 02 在菜单栏中选择"图像"|"图像大小"命令，如图3-79所示。

图 3-78　打开商品图像素材

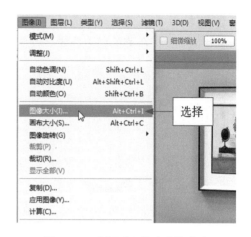

图 3-79　选择"图像大小"命令

步骤 03 弹出"图像大小"对话框，设置"分辨率"为 400 像素 / 英寸，如图 3-80 所示。

步骤 04 单击"确定"按钮，即可调整图像分辨率，如图 3-81 所示。

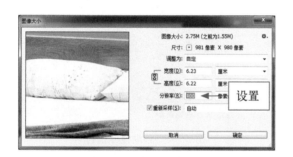

图 3-80　设置分辨率

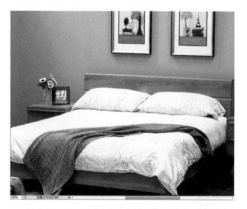

图 3-81　调整图像分辨率

3.4　辅助操作：使用标尺与参考线

在 Photoshop CC 中，用户可以借助图像辅助工具进行商品图像的编辑工作。

3.4.1　显示标尺

在 Photoshop CC 中，标尺显示了当前鼠标指针所在位置的坐标，应用标尺可以精确选取商品图像的范围和更准确地对齐商品图像。下面介绍显示标尺的具体操作方法。

素材文件	素材 \ 第 3 章 \3.4.1.jpg
效果文件	无
视频文件	视频 \ 第 3 章 \3.4.1　显示标尺 .mp4

步骤 01 在菜单栏中选择"文件"|"打开"命令，打开商品图像素材，如图 3-82 所示。

步骤 02 在菜单栏中选择"视图"|"标尺"命令，如图 3-83 所示。

图 3-82 打开商品图像素材

图 3-83 选择"标尺"命令

步骤 03 执行上述操作后，即可显示标尺，如图 3-84 所示。

步骤 04 将鼠标指针移至水平标尺与垂直标尺的相交处，如图 3-85 所示。

图 3-84 显示标尺

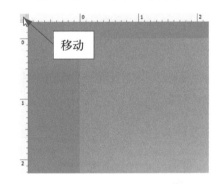

图 3-85 移动鼠标指针

步骤 05 按住鼠标左键的同时拖曳至商品图像编辑窗口中的合适位置，释放鼠标左键，即可更改标尺的原点，如图 3-86 所示。

步骤 06 在菜单栏中再次选择"视图"|"标尺"命令，即可取消标尺，如图 3-87 所示。

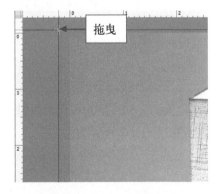

图 3-86 更改标尺的原点

图 3-87 选择"标尺"命令

<<<<<

　　除了运用上述方法可以隐藏或显示标尺外，用户还可以按 Ctrl+R 组合键，在图像编辑窗口中隐藏或显示标尺。

3.4.2　测量尺寸

　　Photoshop CC 中的标尺工具是用来测量商品图像任意两点之间的距离与角度的。应用标尺工具，可以确定商品图像窗口中图像的大小和位置，还可以用来校正倾斜的商品图像。显示标尺后，不论放大或缩小，标尺的测量数据始终以商品图像尺寸为准。

　　如果显示标尺，则标尺会出现在当前商品图像文件窗口的顶部和左侧，标尺内的标记可显示出指针移动时的位置。

　　下面介绍测量尺寸的具体操作方法。

素材文件	素材 \ 第 3 章 \3.4.2.jpg
效果文件	无
视频文件	视频 \ 第 3 章 \3.4.2　测量尺寸 .mp4

　步骤　01　在菜单栏中选择"文件"|"打开"命令，打开商品图像素材，如图 3-88 所示。

　步骤　02　选取工具箱中的标尺工具，将鼠标指针移动至图像编辑窗口中，此时鼠标指针呈 形状，如图 3-89 所示。

　步骤　03　在图像编辑窗口中确认测量的起始位置，按住鼠标左键并拖曳，确认测试长度，如图 3-90 所示。

　步骤　04　在菜单栏中选择"窗口"|"信息"命令，即可打开"信息"面板，查看测量的信息，如图 3-91 所示。

图 3-88　打开商品图像素材

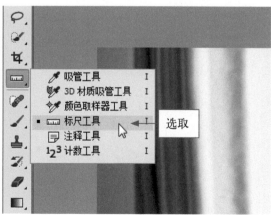

图 3-89　选取标尺工具

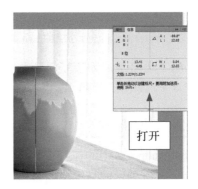

图 3-90　确认测试长度　　　　　　　　　图 3-91　查看测量的信息

专家指点

在 Photoshop CC 中，按住 Shift 键的同时，按住鼠标左键并拖曳，可以沿水平、垂直或 45°角的方向进行测量。将鼠标指针移至测量的起始点或结束点上，按住鼠标左键并拖曳，即可改变测量的长度和方向。

3.4.3　编辑参考线

在 Photoshop CC 中，参考线主要用于协助商品图像的对齐和定位操作，它是浮动在整个商品图像上却不被打印的直线。用户可以随意移动、删除或锁定参考线。为了精确进行对齐操作，这时可绘制出一些参考线。

下面介绍商品图像参考线编辑的具体操作方法。

素材文件	素材 \ 第 3 章 \3.4.3.jpg
效果文件	无
视频文件	视频 \ 第 3 章 \3.4.3　编辑参考线 .mp4

步骤 01 在菜单栏中选择"文件"|"打开"命令，打开商品图像素材，如图 3-92 所示。

步骤 02 在菜单栏中选择"视图"|"新建参考线"命令，如图 3-93 所示。

图 3-92　打开商品图像素材　　　　　　图 3-93　选择"新建参考线"命令

步骤 03 执行上述操作后，弹出"新建参考线"对话框，选中"垂直"单选按钮，在"位置"文本框中设置数值为 12 厘米，如图 3-94 所示。

步骤 04 单击"确定"按钮，即可新建垂直参考线，如图 3-95 所示。

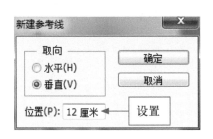

图 3-94　设置参数

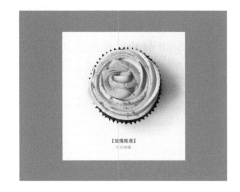

图 3-95　新建垂直参考线

专家指点

通过"新建参考线"对话框，可以精确地建立参考线。在此之前，用户应了解商品图像的尺寸，这样才能通过输入精确数值来设置参考线。若用户不清楚商品图像的尺寸，则可以先新建参考线，不输入数值，然后使用移动工具选择参考线，按住鼠标左键来拖动参考线至相应位置。

在 Photoshop CC 中，选择"视图"|"清除参考线"命令，可以删除所有的参考线。若用户只需删除某一条参考线，可选择移动工具，然后将参考线拖曳至编辑窗口外面即可。

步骤 05 在菜单栏中选择"视图"|"新建参考线"命令，弹出"新建参考线"对话框，选中"水平"单选按钮，在"位置"文本框中设置数值为 12 厘米，如图 3-96 所示。

步骤 06 单击"确定"按钮，即可新建水平参考线，如图 3-97 所示。

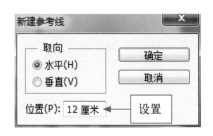

图 3-96　设置参数

图 3-97　新建水平参考线

专家指点

　　显示标尺后，使用移动工具在标尺上按住鼠标左键，再向窗口中拖曳鼠标即可新建自定义参考线。用户在编辑参考线的同时，可以配合以下快捷键进行操作。

- 按住 Ctrl 键的同时拖曳鼠标，即可移动参考线。
- 按住 Shift 键的同时拖曳鼠标，可使参考线与标尺上的刻度对齐。
- 按住 Alt 键的同时拖曳参考线，可切换参考线的水平和垂直方向。

第4章

抠图技能：美化淘宝商品图像

学习提示

　　网店的卖家除了需要自己耐心学习摄影、不断地尝试拍照外，还必须学会抠图。如果出现拍摄的商品背景不满意的情况，或者希望将商品应用于更多的场合，需要通过 Photoshop 进行抠图处理。本章主要介绍通过使用命令、工具及选区进行商品图像抠图的操作。

本章重点导航

◎ 使用"反向"命令处理商品素材
◎ 使用"色彩范围"命令处理商品素材
◎ 使用矩形选框工具处理商品素材
◎ 使用椭圆选框工具处理商品素材
◎ 使用多边形套索工具处理商品素材
◎ 使用魔棒工具处理商品图像

◎ 使用钢笔工具路径处理商品图像
◎ 使用"颜色加深"模式处理商品图像
◎ 使用"滤色"模式处理商品图像
◎ 使用快速蒙版处理商品图像
◎ 使用通道对比处理商品图像
◎ 使用通道对比处理透明商品图像

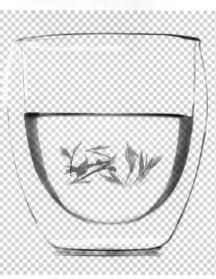

4.1 素材处理：简单抠图在店铺装修中的应用

本节主要介绍通过运用"反向"命令、"色彩范围"命令、矩形选框工具、椭圆选框工具、多边形套索工具以及魔棒工具对网店商品的抠图操作进行讲解。

4.1.1 使用"反向"命令处理商品素材

在处理单一背景的商品素材图像时，用户可以先选取背景，然后通过"反向"命令来抠取商品图像，这样可以更便捷、快速地抠取商品，为网店卖家节省时间。

下面介绍通过"反向"命令抠取商品图像的具体操作方法。

素材文件	素材 \ 第 4 章 \4.1.1.jpg
效果文件	效果 \ 第 4 章 \4.1.1.psd\4.1.1.jpg
视频文件	视频 \ 第 4 章 \4.1.1　使用"反向"命令处理商品素材 .mp4

步骤 01 按 Ctrl+O 组合键，打开商品图像素材，如图 4-1 所示。

步骤 02 选取工具箱中的魔棒工具，在工具属性栏中设置"容差"为32，如图 4-2 所示。

图 4-1　打开素材图像　　　　　　　　　　图 4-2　设置容差

步骤 03 在白色背景位置单击鼠标左键，创建选区，如图 4-3 所示。

步骤 04 在菜单栏中选择"选择"|"反向"命令，如图 4-4 所示。

步骤 05 执行上述操作后即可反选选区，如图 4-5 所示。

步骤 06 按 Ctrl+J 组合键，得到"图层 1"图层，单击"背景"图层的"指示图层可见性"图标 ，即可隐藏"背景"图层，效果如图 4-6 所示。

图 4-3　创建选区

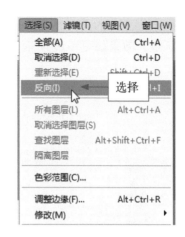

图 4-4　选择"反向"命令

图 4-5　反选选区

图 4-6　最终效果

4.1.2　使用"色彩范围"命令处理商品素材

网店卖家在处理商品图像时，若商品复杂不好抠取，则可通过"色彩范围"命令利用图像中的颜色变化关系来抠取商品图像。

下面介绍通过"色彩范围"命令抠取商品图像的具体操作方法。

素材文件	素材 \ 第 4 章 \4.1.2.jpg
效果文件	效果 \ 第 4 章 \4.1.2.psd、4.1.2.jpg
视频文件	视频 \ 第 4 章 \4.1.2　使用"色彩范围"命令处理商品素材 .mp4

步骤 **01**　按 Ctrl+O 组合键，打开商品图像素材，如图 4-7 所示。

步骤 **02**　在菜单栏中选择"选择"|"色彩范围"命令，如图 4-8 所示。

步骤 **03**　执行上述操作后，即可弹出"色彩范围"对话框，设置"颜色容差"为80，选中"选择范围"单选按钮，如图 4-9 所示。

步骤 04 将鼠标指针移至商品图像空白处并单击鼠标左键，单击"确定"按钮，即可选中空白区域，效果如图4-10所示。

图4-7 打开素材图像

图4-8 选择"色彩范围"命令

图4-9 设置参数

图4-10 选中空白区域

步骤 05 在菜单栏中选择"选择"|"反向"命令，如图4-11所示。

步骤 06 执行上述操作后，即可反向选择商品图像，效果如图4-12所示。

图4-11 选择"反向"命令

图4-12 反选商品图像

步骤 07 按Ctrl+J组合键，得到"图层1"图层，单击"背景"图层的"指示图层可见性"图标 ，如图4-13所示。

步骤 08 执行上述操作后，即可隐藏"背景"图层，效果如图4-14所示。

图4-13 单击"指示图层可见性"图标　　　　图4-14 最终效果

4.1.3 使用矩形选框工具处理商品素材

网店卖家在编辑图像时，若商品图像是矩形形状，就可通过矩形选框工具快速抠取商品图像。

下面介绍通过矩形选框工具抠取商品图像的具体操作方法。

素材文件	素材\第4章\4.1.3.jpg
效果文件	效果\第4章\4.1.3.psd、4.1.3.jpg
视频文件	视频\第4章\4.1.3 使用矩形选框工具处理商品素材.mp4

步骤 01 按Ctrl+O组合键，打开商品图像素材，如图4-15所示。

步骤 02 在工具箱中选取矩形选框工具，如图4-16所示。

图4-15 打开素材图像　　　　　　　图4-16 选取矩形选框工具

步骤 03 选择矩形选框工具属性栏后，其工具属性栏如图 4-17 所示。

图 4-17 矩形选框工具属性栏

步骤 04 执行上述操作后，将鼠标指针移动至图像编辑窗口，在合适位置按住鼠标左键并拖曳至合适位置后释放，即可创建选区，如图 4-18 所示。

步骤 05 按 Ctrl+J 组合键，得到"图层 1"图层，单击"背景"图层的"指示图层可见性"图标 ⊙，即可隐藏"背景"图层，效果如图 4-19 所示。

图 4-18 创建选区   图 4-19 最终效果

4.1.4 使用椭圆选框工具处理商品素材

网店卖家在编辑图像时，若商品图像是椭圆或圆形形状，就可通过椭圆选框工具快速抠取商品图像。

下面介绍通过椭圆选框工具抠取商品图像的具体操作方法。

素材文件	素材 \ 第 4 章 \4.1.4.jpg
效果文件	效果 \ 第 4 章 \4.1.4.psd
视频文件	视频 \ 第 4 章 \4.1.4 使用椭圆选框工具处理商品素材 .mp4

步骤 01 按 Ctrl+O 组合键，打开商品图像素材，如图 4-20 所示。

步骤 02 在工具箱中选取椭圆选框工具，在图像适当位置按住鼠标左键并拖曳鼠标创建一个椭圆选区，如图 4-21 所示。

步骤 03 移动鼠标指针至椭圆选区内，当光标呈 ▷ 时拖曳鼠标，如图 4-22 所示。

步骤 04 移动选区至合适位置，如图 4-23 所示。

图 4-20　打开素材图像

创建

图 4-21　创建椭圆选区

拖曳

图 4-22　拖曳鼠标

图 4-23　移至合适位置

步骤　05　按 Ctrl+J 组合键，得到"图层 1"图层，单击"背景"图层的"指示图层可见性"图标 ◉ ，如图 4-24 所示。

步骤　06　执行上述操作后，即可隐藏"背景"图层，效果如图 4-25 所示。

单击

图 4-24　单击"指示图层可见性"图标

图 4-25　最终效果

4.1.5 使用多边形套索工具处理商品素材

在网店卖家美化商品图像时，若商品图像边缘轮廓呈直线，则可使用多边形套索工具。多边形套索工具可以创建直边的选区，其优点是只需要单击就可以选取边界规则的图像，并在两点之间以直线连接。

下面介绍通过多边形套索工具抠取商品图像的具体操作方法。

素材文件	素材 \ 第 4 章 \4.1.5.jpg
效果文件	效果 \ 第 4 章 \4.1.5.psd
视频文件	视频 \ 第 4 章 \4.1.5　使用多边形套索工具处理商品素材 .mp4

步骤 01 　按 Ctrl+O 组合键，打开商品图像素材，如图 4-26 所示。

步骤 02 　选取工具箱中的多边形套索工具，如图 4-27 所示。

图 4-26　打开素材图像　　　　　　　　　　　图 4-27　选取多边形套索工具

步骤 03 　将鼠标指针移至图像编辑窗口中的合适位置，单击鼠标左键指定起点，并在转角处单击鼠标，指定第二点，如图 4-28 所示。

步骤 04 　用同样的方法，沿商品图像边缘依次单击其他点，最后再在起始点处单击鼠标左键即可创建选区，如图 4-29 所示。

图 4-28　指定点　　　　　　　　　　　　　　图 4-29　创建选区

步骤 05 按Ctrl+J组合键，得到"图层1"图层，单击"背景"图层的"指示图层可见性"
图标 👁，如图4-30所示。

步骤 06 执行上述操作后，即可隐藏"背景"图层，效果如图4-31所示。

图4-30 单击"指示图层可见性"图标

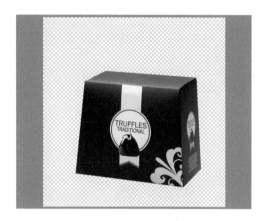

图4-31 最终效果

4.1.6 使用魔棒工具处理商品图像

在网店设计过程中，运用魔棒工具可以创建与图像颜色相近或相同像素的选区，在颜色
相近的图像上单击鼠标左键，即可选取图像上相近的颜色范围。

下面介绍通过魔棒工具抠取商品图像的具体操作方法。

素材文件	素材 \ 第4章 \4.1.6.jpg
效果文件	效果 \ 第4章 \4.1.6.psd
视频文件	视频 \ 第4章 \4.1.6. 使用魔棒工具处理商品图像 .mp4

步骤 01 按Ctrl+O组合键，打开商品图像素材，如图4-32所示。

步骤 02 选取工具箱中的魔棒工具，如图4-33所示。

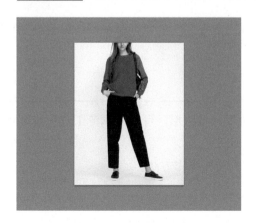

图4-32 打开素材图像

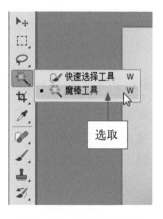

图4-33 选取魔棒工具

步骤 03 在工具箱中选取魔棒工具后，其工具属性栏如图 4-34 所示。

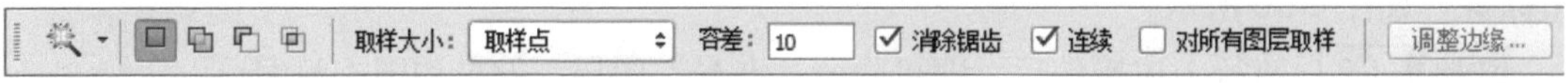

图 4-34 魔棒工具属性栏

步骤 04 在工具属性栏上设置"容差"为 32，在合适位置单击鼠标左键，即可创建选区，如图 4-35 所示。

步骤 05 按 Ctrl+J 组合键，拷贝一个新图层，并且隐藏"背景"图层，效果如图 4-36 所示。

图 4-35 创建选区

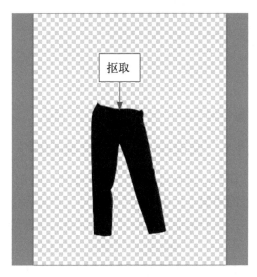

图 4-36 最终效果

4.2 素材强化：精致图像点亮店铺页面

本节主要介绍通过运用钢笔工具、"颜色加深"命令、"滤色"命令、快速蒙版工具以及通道来对网店商品的抠图操作进行讲解。

4.2.1 使用钢笔工具路径处理商品图像

网店卖家处理商品图片时，若所拍摄的商品轮廓呈多边形，可使用钢笔工具先绘制直线路径然后转换为选区抠取商品。

下面介绍通过钢笔绘制直线路径抠取商品图像的具体操作方法。

素材文件	素材 \ 第 4 章 \4.2.1.jpg
效果文件	效果 \ 第 4 章 \4.2.1.psd
视频文件	视频 \ 第 4 章 \4.2.1 使用钢笔工具路径处理商品图像 .mp4

步骤 01 按 Ctrl+O 组合键，打开商品图像素材，如图 4-37 所示。

步骤 02 选取工具箱中的钢笔工具，如图 4-38 所示。

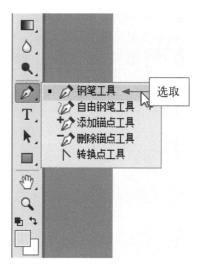

图 4-37　打开素材图像　　　　　　　　　　图 4-38　选取钢笔工具

步骤 03 选取钢笔工具后，其工具属性栏如图 4-39 所示。

图 4-39　钢笔工具属性栏

步骤 04 将鼠标指针移至图像编辑窗口中，沿图像边缘单击鼠标左键创建描点绘制路径，如图 4-40 所示。

步骤 05 在菜单栏中选择"窗口"|"路径"命令，如图 4-41 所示。

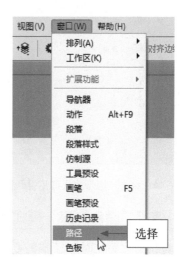

图 4-40　绘制路径　　　　　　　　　　图 4-41　选择"路径"命令

步骤 06 展开"路径"面板,单击"将路径作为选区载入"按钮 ▒,如图 4-42 所示。

步骤 07 执行上述操作后,即可创建选区,效果如图 4-43 所示。

步骤 08 展开"图层"面板,按 Ctrl+J 组合键,得到"图层 1"图层,单击"背景"图层的"指示图层可见性"图标 ,如图 4-44 所示。

步骤 09 执行上述操作后,即可隐藏"背景"图层,效果如图 4-45 所示。

图 4-42 单击"将路径作为选区载入"按钮

图 4-43 创建选区

图 4-44 单击"指示图层可见性"图标

图 4-45 最终效果

4.2.2 使用"颜色加深"模式处理商品图像

在做商品图片美化时,经常需要在商品上添加素材,若素材图像和商品颜色相差巨大且无黑色时,可使用"颜色加深"模式抠取图像。

<<<<<

下面介绍通过"颜色加深"模式抠取商品图像的具体操作方法。

素材文件	素材 \ 第 4 章 \4.2.2(a).jpg、4.2.2(b).jpg
效果文件	效果 \ 第 4 章 \4.2.2.psd、4.2.2.jpg
视频文件	视频 \ 第 4 章 \4.2.2　使用"颜色加深"模式处理商品图像 .mp4

步骤 01　按 Ctrl+O 组合键，打开多个商品图像素材，如图 4-46 所示。

步骤 02　在 4.2.2(b).jpg 图像编辑窗口中，全选图像，选取工具箱中的移动工具，将素材图像移动至 4.2.2(a).jpg 图像编辑窗口中，如图 4-47 所示。

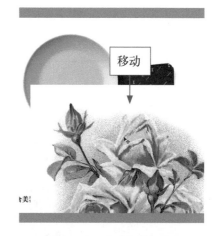

图 4-46　打开素材图像　　　　　　　　　图 4-47　移动素材图像

步骤 03　按 Ctrl+T 组合键，调整图像大小、角度和位置，如图 4-48 所示。

步骤 04　按 Enter 键确认，在"图层"面板中的"设置图层的混合模式"下拉列表中，选择"颜色加深"选项，即可用"颜色加深"模式抠图，效果如图 4-49 所示。

图 4-48　调整图像　　　　　　　　　　　图 4-49　最终效果

4.2.3 使用"滤色"模式处理商品图像

在做商品图片美化时，经常需要在商品图像上使用素材做特殊效果。若素材图像复杂，难以抠取且背景呈黑色时，可使用"滤色"模式抠取图像。

下面介绍通过"滤色"模式抠取商品的具体操作方法。

素材文件	素材 \ 第 4 章 \4.2.3(a).jpg、4.2.3(b).jpg
效果文件	效果 \ 第 4 章 \4.2.3.psd、4.2.3.jpg
视频文件	视频 \ 第 4 章 \4.2.3 使用"滤色"模式处理商品图像 .mp4

步骤 01 按 Ctrl+O 组合键，打开多个商品图像素材，如图 4-50 所示。

步骤 02 在 4.2.3(b).jpg 图像编辑窗口中，全选图像，选取工具箱中的移动工具，将素材图像移动至 4.2.3(a).jpg 图像编辑窗口中，如图 4-51 所示。

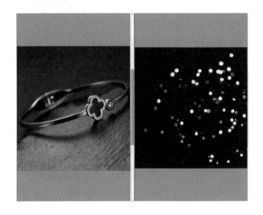

图 4-50 打开素材图像

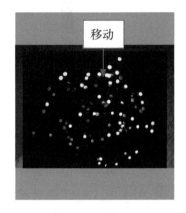

图 4-51 移动素材图像

步骤 03 按 Ctrl+T 组合键，调整图像大小、角度和位置，如图 4-52 所示。

步骤 04 按 Enter 键确认，在"图层"面板中的"设置图层的混合模式"下拉列表中，选择"滤色"选项，即可用"滤色"模式抠图，效果如图 4-53 所示。

图 4-52 调整图像

图 4-53 最终效果

<<<<<

4.2.4　使用快速蒙版处理商品图像

在处理商品图像时，若图片上商品颜色和背景颜色呈渐变色彩或阴影变化丰富，这时可通过快速蒙版抠取商品图像。

下面介绍通过快速蒙版抠取商品图像的具体操作方法。

素材文件	素材 \ 第 4 章 \4.2.4.psd
效果文件	效果 \ 第 4 章 \4.2.4.psd
视频文件	视频 \ 第 4 章 \4.2.4　使用快速蒙版处理商品图像 .mp4

步骤 01　按 Ctrl+O 组合键，打开商品图像素材，如图 4-54 所示。

步骤 02　在"路径"面板中，选择"工作路径"，如图 4-55 所示。

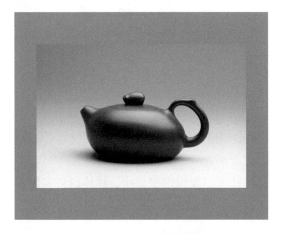

图 4-54　打开素材图像　　　　　　　　　　图 4-55　选择"工作路径"

步骤 03　按 Ctrl+Enter 组合键，将路径转换为选区，如图 4-56 所示。

步骤 04　在工具箱底部，单击"以快速蒙版模式编辑"按钮，如图 4-57 所示。

图 4-56　转换为选区　　　　　　　　　　图 4-57　单击"以快速蒙版模式编辑"按钮

步骤 05 执行上述操作后，即可启用快速蒙版，可以看到红色的保护区域，并可以看到物体多选的区域，如图 4-58 所示。

步骤 06 选取工具箱中的画笔工具，设置画笔"大小"为 20 像素、"硬度"为100%，如图 4-59 所示。

图 4-58 启用快速蒙版

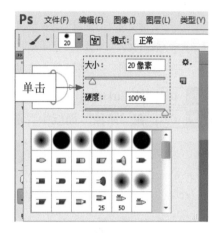

图 4-59 设置参数

步骤 07 单击"设置前景色"按钮，弹出"拾色器 (前景色)"对话框，设置前景色为白色 (RGB 值均为 255)，如图 4-60 所示。

步骤 08 单击"确定"按钮，移动鼠标指针至图像编辑窗口中，按住鼠标左键并拖曳，进行适当擦除，如图 4-61 所示。

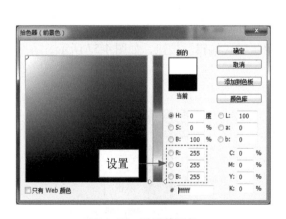

图 4-60 设置前景色

图 4-61 适当擦除

步骤 09 在工具箱底部单击"以标准模式编辑"按钮，退出快速蒙版模式，如图 4-62 所示。

步骤 10 展开"图层"面板，按 Ctrl+J 组合键，拷贝新图层，并隐藏"背景"图层，效果如图 4-63 所示。

图 4-62　退出快速蒙版模式　　　　　　　　　　　图 4-63　最终效果

4.2.5　使用通道对比处理商品图像

　　在进行抠图时，有些图像与背景过于相近，导致抠图不是很方便，此时可以利用"通道"
面板，结合其他命令对图像进行适当调整。

　　下面介绍通过通道对比抠取商品图像的具体操作方法。

素材文件	素材 \ 第 4 章 \4.2.5.jpg
效果文件	效果 \ 第 4 章 \4.2.5.psd、4.2.5.jpg
视频文件	视频 \ 第 4 章 \4.2.5　使用通道对比处理商品图像 .mp4

　步骤 01　按 Ctrl+O 组合键，打开商品图像素材，如图 4-64 所示。

　步骤 02　展开"通道"面板，分别查看通道显示效果，拖动"红"通道至面板底部的
"创建新通道"按钮 上，复制一个通道，如图 4-65 所示。

图 4-64　打开素材图像

图 4-65　复制通道

步骤 03 选择复制的"红 拷贝"通道，选择"图像"|"调整"|"亮度 / 对比度"命令，弹出"亮度 / 对比度"对话框，设置各参数，如图 4-66 所示。

步骤 04 选取快速选择工具，设置画笔大小为 30 像素，在商品图像上拖曳鼠标创建选区，如果有多余的部分，单击工具属性栏中的"从选区减去"按钮，将画笔调小，减去多余部分，效果如图 4-67 所示。

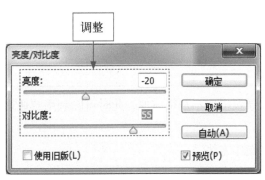

图 4-66 调整亮度 / 对比度

图 4-67 创建选区

步骤 05 在"通道"面板中单击 RGB 通道，退出通道模式，返回到 RGB 模式，如图 4-68 所示。

步骤 06 按 Ctrl+J 组合键，拷贝一个新的图层，并隐藏"背景"图层，效果如图 4-69 所示。

图 4-68 返回 RGB 模式

图 4-69 最终效果

<<<<<

4.2.6　使用通道对比处理透明商品图像

在"通道"面板中，显示为白色的统称为选区部分，黑色的为非选区部分。抠出图像后，介于黑色和白色之间的灰色，即为半透明部分。

下面介绍用通道对比抠取透明商品图像的具体操作方法。

素材文件	素材 \ 第 4 章 \4.2.6.jpg
效果文件	效果 \ 第 4 章 \4.2.6.psd、4.2.6.jpg
视频文件	视频 \ 第 4 章 \4.2.6　使用通道对比处理透明商品图像 .mp4

步骤 01　按 Ctrl+O 组合键，打开商品图像素材，如图 4-70 所示。

步骤 02　展开"通道"面板，拖动"蓝"通道至面板底部的"创建新通道"按钮 上，复制"蓝"通道，如图 4-71 所示。

图 4-70　打开素材图像

图 4-71　复制通道

步骤 03　选择"图像"|"调整"|"反相"命令，将图像反相，如图 4-72 所示。

专家指点

除了运用上述方法反相图像外，用户还可以按 Ctrl+I 组合键，快速应用"反相"命令，进行反相图像。

步骤 04　选择"图像"|"调整"|"色阶"命令，弹出"色阶"对话框，单击"在图像中取样以设置黑场"按钮，在背景处单击鼠标设置黑场，如图 4-73 所示。

步骤 05　单击"确定"按钮，选择画笔工具 ，在工具属性栏中设置画笔"大小"为 10 像素、"不透明度"为 100%、前景色为白色，在商品图像上的黑色区域进行适当涂抹，如图 4-74 所示。

步骤 06　按住 Ctrl 键的同时，单击"蓝拷贝"通道，载入选区。单击 RGB 通道，退出通道模式，返回 RGB 模式，如图 4-75 所示。

图 4-72　反相图像

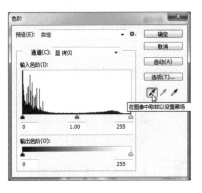

图 4-73　调整色阶

图 4-74　涂抹图像

图 4-75　退出通道模式

步骤　07　按 Ctrl+J 组合键，拷贝一个新图层，如图 4-76 所示。

步骤　08　单击"背景"图层的"指示图层可见性"图标 ◉ ，即可隐藏"背景"图层，效果如图 4-77 所示。

图 4-76　拷贝一个新图层

图 4-77　最终效果

第5章

颜色调整：
店铺商品色调美化

学习提示

在商品拍摄过程中，受光线、技术、拍摄设备等影响，拍摄出来的商品图片往往会有一些不足。为了把商品最好的一面展现给买家，使用 Photoshop 给商品图像调色就显得尤为重要。本章将详细介绍 Photoshop CC 常用的调色处理方法。

本章重点导航

使用"颜色"面板填充商品背景
使用油漆桶工具填充商品颜色
使用快捷菜单填充商品颜色
使用渐变工具填充双色商品背景
使用"自动色调"命令调整商品图像色调
使用"自动对比度"命令调整商品图像对比度
使用"自动颜色"命令校正商品图像色偏
使用"亮度／对比度"命令调整商品图像明暗

使用"色阶"命令调整商品图像亮度范围
使用"曲线"命令调整商品图像色调
使用"曝光度"命令调整商品图像曝光度
使用"自然饱和度"命令调整商品图像饱和度
使用"色相／饱和度"命令调整商品图像色调
使用"色彩平衡"命令调整商品图像偏色
使用"匹配颜色"命令匹配商品图像色调
……

爽

月饼的清香与口感，
食之让人回味无穷。

5.1 颜色填充：丰富网店商品图像

在网店设计中，商品颜色的选取常常会难住一批人，而利用 Photoshop CC 中的"颜色"面板、"色板"面板，可以快速选取颜色，并能利用颜色工具进行填充。

5.1.1 使用"颜色"面板填充商品背景

网店商品图像在使用"颜色"面板选取颜色时，可以通过设置不同参数值来调整前景色和背景色。

下面介绍运用"颜色"面板选取商品颜色的具体操作方法。

素材文件	素材 \ 第 5 章 \5.1.1.jpg
效果文件	效果 \ 第 5 章 \5.1.1.jpg
视频文件	视频 \ 第 5 章 \5.1.1　使用"颜色"面板填充商品背景 .mp4

步骤 01 按 Ctrl+O 组合键，打开商品图像素材，如图 5-1 所示。

步骤 02 选取工具箱中的魔棒工具，移动鼠标指针至图像编辑窗口中的合适位置，单击鼠标左键，创建一个选区，如图 5-2 所示。

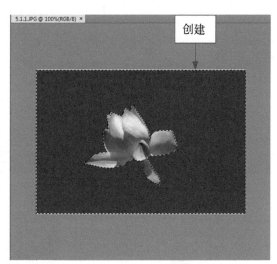

创建

图 5-1　打开商品图像素材　　　　　　　　　　图 5-2　创建一个选区

步骤 03 在菜单栏中选择"窗口"|"颜色"命令，如图 5-3 所示。

步骤 04 执行上述操作后，即可展开"颜色"面板，设置前景色为白色 (RGB 参数值均为 255)，如图 5-4 所示。

步骤 05 执行上述操作后，按 Alt+Delete 组合键，即可为选区填充前景色，如图 5-5 所示。

步骤 06 按 Ctrl+D 组合键，取消选区，效果如图 5-6 所示。

图5-3 选择"颜色"命令

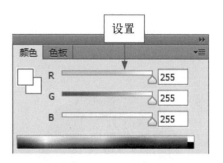

图5-4 设置颜色

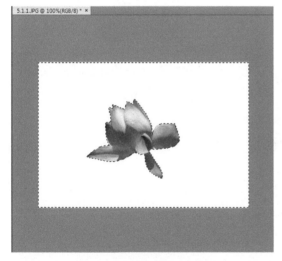

图5-5 为选区填充前景色

图5-6 最终效果

💬 **专家指点**

除了运用上述方法填充颜色外，还有以下两种常用的方法。
- 快捷键1：按 Alt + Backspace 组合键，填充前景色。
- 快捷键2：按 Ctrl+Backspace 组合键，填充背景色。

5.1.2 使用油漆桶工具填充商品颜色

油漆桶工具可以快速、便捷地为图像填充颜色，填充的颜色以前景色为准。

下面介绍运用油漆桶工具填充商品颜色的具体操作方法。

素材文件	素材 \ 第 5 章 \5.1.2.jpg
效果文件	效果 \ 第 5 章 \5.1.2.jpg
视频文件	视频 \ 第 5 章 \5.1.2　使用油漆桶工具填充商品颜色 .mp4

步骤 01　按 Ctrl+O 组合键，打开商品图像素材，如图 5-7 所示。

步骤 02　选取工具箱中的魔棒工具，移动鼠标指针至图像编辑窗口中的合适位置，单击鼠标左键，创建一个选区，如图 5-8 所示。

图 5-7　打开商品图像素材　　　　　　　　　　图 5-8　创建一个选区

步骤 03　在菜单栏中选择"窗口"｜"色板"命令，如图 5-9 所示。

步骤 04　执行上述操作后，即可展开"色板"面板，移动鼠标指针至"色板"面板中，选择"深黑暖褐"色块，如图 5-10 所示。

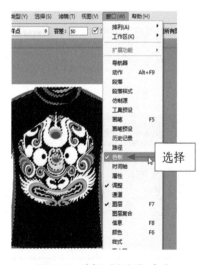

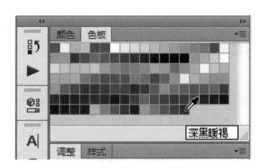

图 5-9　选择"色板"命令　　　　　　　　　图 5-10　选择"深黑暖褐"色块

步骤 05 选取工具箱中的油漆桶工具，移动鼠标至选区中，单击鼠标左键，即可填充颜色，如图 5-11 所示。

步骤 06 按 Ctrl+D 组合键，取消选区，效果如图 5-12 所示。

图 5-11 填充颜色

图 5-12 最终效果

5.1.3 使用快捷菜单填充商品颜色

网店设计如需对当前图层或创建的选区填充颜色，可以使用快捷菜单完成该操作。下面介绍运用快捷菜单填充商品颜色的具体操作方法。

素材文件	素材 \ 第 5 章 \5.1.3.jpg
效果文件	效果 \ 第 5 章 \5.1.3.jpg
视频文件	视频 \ 第 5 章 \5.1.3 使用快捷菜单填充商品颜色 .mp4

步骤 01 按 Ctrl+O 组合键，打开商品图像素材，如图 5-13 所示。

步骤 02 选取工具箱中的魔棒工具，移动鼠标指针至图像编辑窗口中，单击鼠标左键，创建选区，如图 5-14 所示。

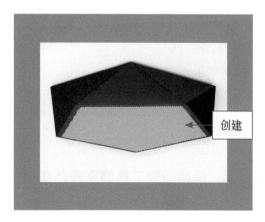

图 5-13 打开商品图像素材

图 5-14 创建选区

步骤 03 设置前景色为白色 (RGB 参数值均为 255)，单击"确定"按钮，即可更改前景色，如图 5-15 所示。

步骤 04 选取工具箱中的磁性套索工具，移动鼠标指针至图像编辑窗口中的选区内，单击鼠标右键，在弹出的快捷菜单中选择"填充"命令，如图 5-16 所示。

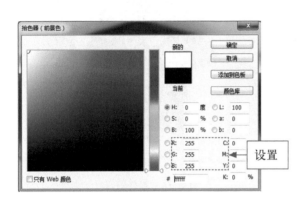

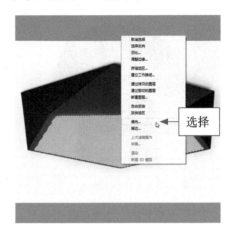

图 5-15 更改前景色　　　　　　　　　　图 5-16 选择"填充"命令

步骤 05 执行上述操作后，弹出"填充"对话框，在"使用"下拉列表中选择"前景色"选项，如图 5-17 所示。

步骤 06 单击"确定"按钮，即可填充前景色。按 Ctrl+D 组合键，取消选区，效果如图 5-18 所示。

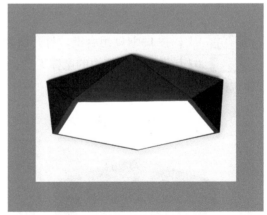

图 5-17 选择"前景色"选项　　　　　　　图 5-18 最终效果

5.1.4 使用渐变工具填充双色商品背景

网店卖家在处理商品图像时，可以使用渐变工具对所选定的图像进行双色填充。下面介绍运用渐变工具对商品进行双色填充的具体操作方法。

素材文件	素材 \ 第 5 章 \5.1.4.psd
效果文件	效果 \ 第 5 章 \5.1.4.psd、5.1.4.jpg
视频文件	视频 \ 第 5 章 \5.1.4　使用渐变工具填充双色商品背景 .mp4

步骤 01　按 Ctrl+O 组合键，打开商品图像素材，如图 5-19 所示。

步骤 02　在"图层"面板中选择"背景"图层，如图 5-20 所示。

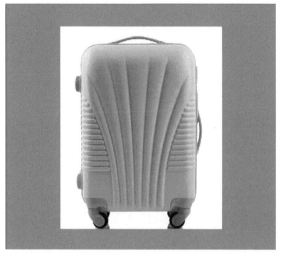

图 5-19　打开商品图像素材　　　　　　　　图 5-20　选择"背景"图层

步骤 03　单击前景色色块，弹出"拾色器（前景色）"对话框，设置前景色为浅粉色(RGB 参数值分别为 255、206、232)，单击"确定"按钮，如图 5-21 所示。

步骤 04　单击背景色色块，弹出"拾色器（背景色）"对话框，设置背景色为白色(RGB 参数值均为 255)，单击"确定"按钮，如图 5-22 所示。

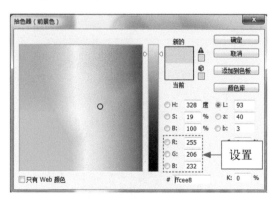

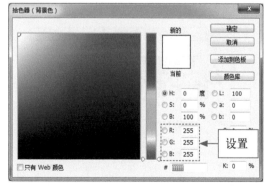

图 5-21　设置前景色　　　　　　　　　　　图 5-22　设置背景色

步骤 05　选取工具箱中的渐变工具，如图 5-23 所示。

步骤 06　在工具属性栏中单击"点按可编辑渐变"按钮，如图 5-24 所示。

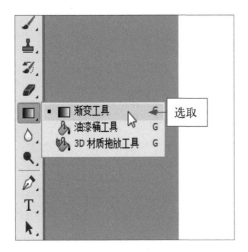

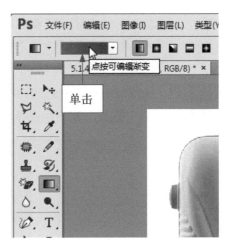

图 5-23　选取渐变工具　　　　　　图 5-24　单击"点按可编辑渐变"按钮

步骤 07 弹出"渐变编辑器"对话框，在"预设"选项区中，选择"前景色到背景色渐变"色块，如图 5-25 所示。

💬 专家指点

运用渐变工具，可以对所选定的图像进行多种颜色的混合填充，从而增强图像的视觉效果。"渐变编辑器"对话框的"位置"文本框中显示标记点在渐变效果预览条的位置，用户可以通过输入数字来改变颜色标记点的位置，也可以直接拖曳渐变颜色带下端的颜色标记点。按 Delete 键，可将此颜色标记点删除。

步骤 08 单击"确定"按钮，即可选中渐变颜色，将鼠标指针移动至图像编辑窗口的上方，按住 Shift 键的同时，按鼠标左键从上到下拖曳，释放鼠标左键，即可填充渐变颜色，如图 5-26 所示。

图 5-25　选择"前景色到背景色渐变"色块　　　　图 5-26　最终效果

<<<<<

专家指点

在渐变工具属性栏中，渐变工具提供了以下5种渐变方式。

- 线性渐变■：从起点到终点作直线形状的渐变，如图5-27所示。
- 径向渐变■：从中心开始作圆形放射状渐变，如图5-28所示。

图5-27　线性渐变 　　　　　　　　　　图5-28　径向渐变

- 角度渐变■：从中心开始作逆时针方向的角度渐变，如图5-29所示。
- 对称渐变■：从中心开始作对称直线形状的渐变，如图5-30所示。

图5-29　角度渐变 　　　　　　　　　　图5-30　对称渐变

- 菱形渐变■：从中心开始作菱形渐变，如图5-31所示。

图5-31　菱形渐变

5.2　颜色调整：美化网店商品颜色

商品图像拍摄出来，颜色会有一些偏差问题，在用 Photoshop CC 进行商品图像后期处理时，可以使用以下方法进行调整。

5.2.1 使用"自动色调"命令调整商品图像色调

在做商品图像后期处理时，若由于拍摄问题使商品图像整体色调偏暗，这时可使用"自动色调"命令调整商品图像。

下面介绍通过"自动色调"命令调整商品图像色调的具体操作方法。

素材文件	素材 \ 第 5 章 \5.2.1.jpg
效果文件	效果 \ 第 5 章 \5.2.1.jpg
视频文件	视频 \ 第 5 章 \5.2.1　使用"自动色调"命令调整商品图像色调 .mp4

步骤 01 按 Ctrl+O 组合键，打开商品图像素材，如图 5-32 所示。

步骤 02 在菜单栏中选择"图像"|"自动色调"命令，如图 5-33 所示。

图 5-32　打开素材图像　　　　　　　图 5-33　选择"自动色调"命令

步骤 03 执行上述操作后，即可自动调整图像色调，效果如图 5-34 所示。

步骤 04 重复上述操作，将图像调整至合适色调，效果如图 5-35 所示。

图 5-34　自动调整图像色调　　　　　　　图 5-35　最终效果

<<<<<

专家指点

　　"自动色调"命令能根据图像整体颜色的明暗程度进行自动调整，使得亮部与暗部的颜色按一定的比例分布。

5.2.2　使用"自动对比度"命令调整商品图像对比度

　　在网店卖家做商品图像处理时，若商品图像色彩层次不够丰富，则可使用"自动对比度"命令来调整商品图像的对比度。

　　下面介绍通过"自动对比度"命令调整商品图像对比度的具体操作方法。

素材文件	素材 \ 第 5 章 \5.2.2.jpg
效果文件	效果 \ 第 5 章 \5.2.2.jpg
视频文件	视频 \ 第 5 章 \5.2.2　使用"自动对比度"命令调整商品图像对比度 .mp4

　步骤 01　按 Ctrl+O 组合键，打开商品图像素材，如图 5-36 所示。

　步骤 02　在菜单栏中选择"图像"|"自动对比度"命令，即可调整图像对比度，如图 5-37 所示。

图 5-36　打开素材图像

图 5-37　自动调整图像对比度

专家指点

　　按 Alt + Shift + Ctrl+L 组合键，也可以执行"自动色调"命令调整图像色彩。

　　使用"自动对比度"命令可以自动调整图像中颜色的总体对比度和混合颜色，它将图像中最亮和最暗的像素映射为白色和黑色，使高光显得更亮而暗调显得更暗，使图像对比度加强，看上去更有立体感，光线效果更加强烈。

5.2.3　使用"自动颜色"命令校正商品图像色偏

　　在处理商品图像时，由于拍摄光线的问题，经常会使拍摄的商品图像颜色出现色偏，这时可使用"自动颜色"命令来校正。"自动颜色"命令可以自动识别图像中的实际阴影、中间调和高光，从而更正图像的颜色。

下面介绍通过"自动颜色"命令校正商品图像色偏的具体操作方法。

素材文件	素材 \ 第 5 章 \5.2.3.jpg
效果文件	效果 \ 第 5 章 \5.2.3.jpg
视频文件	视频 \ 第 5 章 \5.2.3　使用"自动颜色"命令校正商品图像色偏 .mp4

步骤 01 按 Ctrl+O 组合键，打开商品图像素材，如图 5-38 所示。

步骤 02 在菜单栏中选择"图像"|"自动颜色"命令，即可校正图像色偏，效果如图 5-39 所示。

图 5-38　打开素材图像

图 5-39　自动校正图像色偏

专家指点

按 Shift + Ctrl+B 组合键，也可以执行"自动颜色"命令调整图像色偏。

5.2.4　使用"亮度 / 对比度"命令调整商品图像明暗

网店卖家在处理商品图像时，若由于拍摄光线和拍摄设备本身的原因，使商品图像色彩暗沉，可通过"亮度 / 对比度"命令调整商品图像明暗。

下面介绍通过"亮度 / 对比度"命令调整商品图像明暗的具体操作方法。

素材文件	素材 \ 第 5 章 \5.2.4.jpg
效果文件	效果 \ 第 5 章 \5.2.4.jpg
视频文件	视频 \ 第 5 章 \5.2.4　使用"亮度 / 对比度"命令调整商品图像明暗 .mp4

步骤 01 按 Ctrl+O 组合键，打开商品图像素材，如图 5-40 所示。

步骤 02 在菜单栏中选择"图像"|"调整"|"亮度 / 对比度"命令，如图 5-41 所示。

步骤 03 弹出"亮度 / 对比度"对话框，设置"亮度"为 42、"对比度"为 32，如图 5-42 所示。

步骤 04 单击"确定"按钮，即可调整图像的亮度与对比度，效果如图 5-43 所示。

图 5-40 打开素材图像　　　　　　图 5-41 选择"亮度／对比度"命令

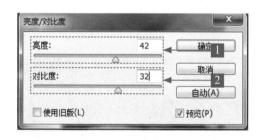

图 5-42 设置参数　　　　　　图 5-43 最终效果

"亮度／对比度"对话框主要选项的含义如下。

1 亮度：用于调整图像的亮度。该值为正时增加图像亮度，为负时降低亮度。

2 对比度：用于调整图像的对比度。正值时增加图像对比度，负值时降低对比度。

5.2.5 使用"色阶"命令调整商品图像亮度范围

在网店卖家做商品图像处理时，若由于拍摄问题使商品图像偏暗，可通过"色阶"命令调整商品图像亮度范围，提高商品图像亮度。

下面介绍通过"色阶"命令调整商品图像亮度范围的具体操作方法。

素材文件	素材 \ 第 5 章 \5.2.5.jpg
效果文件	效果 \ 第 5 章 \5.2.5.jpg
视频文件	视频 \ 第 5 章 \5.2.5　使用"色阶"命令调整商品图像亮度范围 .mp4

步骤 01 按 Ctrl+O 组合键，打开商品图像素材，如图 5-44 所示。

步骤 02 在菜单栏中选择"图像"|"调整"|"色阶"命令，如图 5-45 所示。

图 5-44　打开素材图像　　　　　　　　　　　　　图 5-45　选择"色阶"命令

步骤 03 弹出"色阶"对话框，设置"输入色阶"各参数值分别为 0、1.21、255，如图 5-46 所示。

步骤 04 单击"确定"按钮，即可使用"色阶"命令调整图像的亮度范围，其图像显示效果如图 5-47 所示。

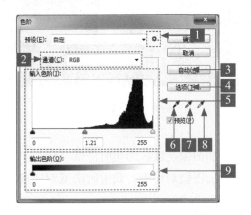

图 5-46　设置"输入色阶"各参数值　　　　　　　　图 5-47　最终效果

"色阶"对话框各选项的含义如下。

1 预设：单击"预设选项"按钮，在弹出的列表框中，选择"存储预设"选项，可以将当前的调整参数保存为一个预设的文件。

2 通道：可以选择一个通道进行调整，调整通道会影响图像的颜色。

3 自动：单击该按钮，可以应用自动颜色校正，Photoshop CC 会以 0.5% 的比例自动调整图像色阶，使图像的亮度分布更加均匀。

4 选项：单击该按钮，可以打开"自动颜色校正选项"对话框，在该对话框中可以设置黑色像素和白色像素的比例。

5 输入色阶：用来调整图像的阴影、中间调和高光区域。

6 在图像中取样以设置黑场：使用该工具在图像中单击，可以将单击点的像素调整为黑色，原图中比该点暗的像素也变为黑色。

7 在图像中取样以设置灰场：使用该工具在图像中单击，可以根据单击点像素的亮度来调整其他中间色调的平均亮度，通常用来校正偏色。

8 在图像中取样以设置白场：使用该工具在图像中单击，可以将单击点的像素调整为白色，原图中比该点亮度值高的像素也都会变为白色。

9 输出色阶：可以限制图像的亮度范围，从而降低对比度，使图像呈现褪色效果。

5.2.6 使用"曲线"命令调整商品图像色调

网店卖家在处理商品图像时，若由于光线影响，使拍摄的商品图像色调偏暗，可通过"曲线"命令调整商品图像色调。

下面介绍通过"曲线"命令调整商品图像色调的具体操作方法。

素材文件	素材 \ 第 5 章 \5.2.6.jpg
效果文件	效果 \ 第 5 章 \5.2.6.jpg
视频文件	视频 \ 第 5 章 \5.2.6　使用"曲线"命令调整商品图像色调 .mp4

步骤 01 按 Ctrl+O 组合键，打开商品图像素材，如图 5-48 所示。

步骤 02 在菜单栏中选择"图像"|"调整"|"曲线"命令，如图 5-49 所示。

图 5-48　打开素材图像　　　　　　图 5-49　选择"曲线"命令

步骤 03 执行上述操作后，即可弹出"曲线"对话框，在曲线上单击鼠标左键，建立曲线编辑点后，设置"输出"和"输入"值分别为 90、158，如图 5-50 所示。

步骤 04 单击"确定"按钮，即可调整图像的整体色调，此时图像编辑窗口中的图像效果如图 5-51 所示。

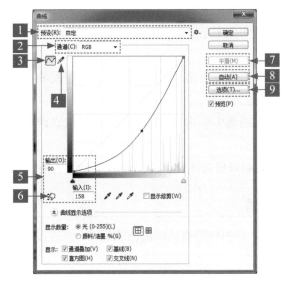

图 5-50　设置参数

图 5-51　最终效果

"曲线"对话框各选项的含义如下。

1 预设：包含了 Photoshop 提供的各种预设调整文件，可以用于调整图像。

2 通道：在其下拉列表中可以选择要调整的通道。调整通道会改变图像的颜色。

3 编辑点以修改曲线：该按钮为选中状态，此时在曲线中单击可以添加新的控制点，拖动控制点改变曲线形状即可调整图像。

4 通过绘制来修改曲线：单击该按钮后，可以绘制手绘效果的自由曲线。

5 输出/输入："输入"色阶显示了调整前的像素值，"输出"色阶显示调整后的像素值。

6 在图像上单击并拖动可以修改曲线：单击该按钮后，将光标放在图像上，曲线上会出现一个圆形图形，它代表光标处的色调在曲线上的位置，在画面中单击并拖动鼠标可以添加控制点并调整相应的色调。

7 平滑：使用铅笔绘制曲线后，单击该按钮，可以对曲线进行平滑处理。

8 自动：单击该按钮，可以对图像应用"自动颜色""自动对比度"或"自动色调"校正。具体校正内容取决于"自动颜色校正选项"对话框中的设置。

9 选项：单击该按钮，可以打开"自动颜色校正选项"对话框。在其中可以增强亮度和对比度，调整目标颜色的阴影、中间调、亮光等属性。

5.2.7　使用"曝光度"命令调整商品图像曝光度

在商品拍摄过程中，经常会因为曝光过度而导致图像偏白，或因为曝光不足而导致图像偏暗，此时可以通过"曝光度"命令来调整图像的曝光度，使图像曝光达到正常。

下面介绍通过"曝光度"命令调整商品图像曝光度的具体操作方法。

素材文件	素材 \ 第 5 章 \5.2.7.jpg
效果文件	效果 \ 第 5 章 \5.2.7.jpg
视频文件	视频 \ 第 5 章 \5.2.7　使用"曝光度"命令调整商品图像曝光度 .mp4

步骤 01 按 Ctrl+O 组合键，打开商品图像素材，如图 5-52 所示。

步骤 02 在菜单栏中选择"图像"|"调整"|"曝光度"命令，如图 5-53 所示。

图 5-52　打开素材图像

图 5-53　选择"曝光度"命令

步骤 03 弹出"曝光度"对话框，设置"曝光度"为 1.5、"灰度系数校正"为 1，如图 5-54 所示。

步骤 04 单击"确定"按钮，即可调整图像的曝光度，效果如图 5-55 所示。

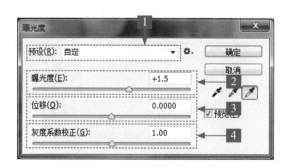

图 5-54　设置参数

图 5-55　最终效果

"曝光度"对话框各选项的含义如下。

1 预设：可以选择一个预设的曝光度调整文件。

2 曝光度：调整色调范围的高光端，对极限阴影的影响轻微。

3 位移：使阴影和中间调变暗，对高光的影响轻微。

4 灰度系数校正：使用简单乘方函数调整图像灰度系数，负值会被视为相应的正值。

5.2.8 使用"自然饱和度"命令调整商品图像饱和度

在商品拍摄过程中，经常会因为光线、拍摄设备和环境的影响，导致商品图像色彩减淡，这时可通过"自然饱和度"命令调整商品图像的饱和度。

下面介绍通过"自然饱和度"命令调整商品图像饱和度的具体操作方法。

素材文件	素材 \ 第 5 章 \5.2.8.jpg
效果文件	效果 \ 第 5 章 \5.2.8.jpg
视频文件	视频 \ 第 5 章 \5.2.8　使用"自然饱和度"命令调整商品图像饱和度 .mp4

步骤 01 按 Ctrl+O 组合键，打开商品图像素材，如图 5-56 所示。

步骤 02 在菜单栏中选择"图像"|"调整"|"自然饱和度"命令，如图 5-57 所示。

图 5-56　打开素材图像

图 5-57　选择"自然饱和度"命令

步骤 03 弹出"自然饱和度"对话框，设置"自然饱和度"为 25、"饱和度"为 14，如图 5-58 所示。

步骤 04 单击"确定"按钮，即可调整图像的饱和度，效果如图 5-59 所示。

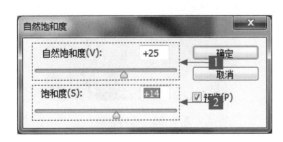

图 5-58　设置参数

图 5-59　最终效果

"自然饱和度"对话框主要选项的含义如下。

1 自然饱和度：在颜色接近最大饱和度时，最大限度地减少修剪，可以防止过度饱和。

2 饱和度：用于调整所有颜色，而不考虑当前的饱和度。

5.2.9 使用"色相/饱和度"命令调整商品图像色调

在商品拍摄过程中，经常会因为光线、拍摄设备和环境的影响，导致商品图像色彩暗淡，这时可通过"色相/饱和度"命令调整商品图像的色调。

下面介绍通过"色相/饱和度"命令调整商品图像色调的具体操作方法。

素材文件	素材\第5章\5.2.9.jpg
效果文件	效果\第5章\5.2.9.jpg
视频文件	视频\第5章\5.2.9 使用"色相/饱和度"命令调整商品图像色调.mp4

步骤 01 按 Ctrl+O 组合键，打开商品图像素材，如图 5-60 所示。

步骤 02 在菜单栏中选择"图像"|"调整"|"色相/饱和度"命令，如图 5-61 所示。

图 5-60 打开素材图像　　　　　　　　图 5-61 选择"色相/饱和度"命令

步骤 03 弹出"色相/饱和度"对话框，设置"色相"为 5、"饱和度"为 16、"明度"为 3，如图 5-62 所示。

步骤 04 单击"确定"按钮，即可调整图像色调，效果如图 5-63 所示。

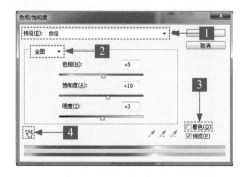

图 5-62 设置参数　　　　　　　　　　图 5-63 最终效果

"色相／饱和度"对话框各选项的含义如下。

1 预设：在"预设"下拉列表中提供了 8 种色相／饱和度预设。

2 通道：在通道下拉列表中可以选择全图、红色、黄色、绿色、青色、蓝色和洋红通道，进行色相、饱和度和明度的参数调整。

3 着色：选中该复选框后，图像会整体偏向于单一的色调。

4 在图像上单击并拖动可修改饱和度：使用该工具在图像上单击设置取样点以后，向右拖曳鼠标可以增加图像的饱和度，向左拖曳鼠标可以降低图像的饱和度。

专家指点

"色相／饱和度"命令可以调整整幅图像或单个颜色分量的色相、饱和度和亮度值，还可以同步调整图像中所有的颜色。

5.2.10 使用"色彩平衡"命令调整商品图像偏色

在商品拍摄过程中，经常会因为光线不均导致拍摄的商品图像产生偏色，这时可通过"色彩平衡"命令调整商品图像色调，校正图像偏色。

下面介绍通过"色彩平衡"命令调整商品图像偏色的具体操作方法。

素材文件	素材 \ 第 5 章 \5.2.10.jpg
效果文件	效果 \ 第 5 章 \5.2.10.jpg
视频文件	视频 \ 第 5 章 \5.2.10　使用"色彩平衡"命令调整商品图像偏色 .mp4

步骤 01 按 Ctrl+O 组合键，打开商品图像素材，如图 5-64 所示。

步骤 02 在菜单栏中选择"图像"|"调整"|"色彩平衡"命令，如图 5-65 所示。

图 5-64　打开素材图像

图 5-65　选择"色彩平衡"命令

步骤 03 弹出"色彩平衡"对话框，选中"高光"单选按钮，设置"色阶"为 –21、–8、–15，如图 5-66 所示。

步骤 `04` 单击"确定"按钮，即可调整图像偏色，效果如图 5-67 所示。

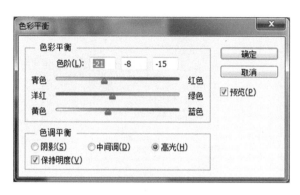

图 5-66　设置参数　　　　　　　　　　　　　图 5-67　最终效果

5.2.11　使用"匹配颜色"命令匹配商品图像色调

在处理商品图像时，如果卖家想把商品图像色调统一，可通过"匹配颜色"命令将不同的商品图像自动调整成一个协调的色调。

下面介绍通过"匹配颜色"命令匹配商品图像色调的具体操作方法。

素材文件	素材 \ 第 5 章 \5.2.11(a).jpg、5.2.11(b).jpg
效果文件	效果 \ 第 5 章 \5.2.11.jpg
视频文件	视频 \ 第 5 章 \5.2.11　使用"匹配颜色"命令匹配商品图像色调 .mp4

步骤 `01` 按 Ctrl+O 组合键，打开多个商品图像素材，如图 5-68 所示。

步骤 `02` 确定 5.2.11(b).jpg 为当前图像编辑窗口，在菜单栏中选择"图像"|"调整"|"匹配颜色"命令，如图 5-69 所示。

图 5-68　打开素材图像　　　　　　　　　　图 5-69　选择"匹配颜色"命令

步骤 03 弹出"匹配颜色"对话框,在"源"下拉列表中选择 5.2.11(a).jpg,如图 5-70 所示。

步骤 04 单击"确定"按钮,即可匹配图像色调,效果如图 5-71 所示。

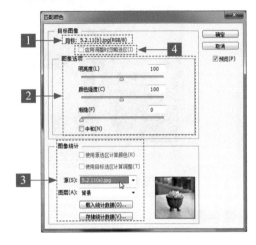

图 5-70 设置参数　　　　　　　　　　图 5-71 最终效果

"匹配颜色"对话框各选项的含义如下。

1 目标:该选项区显示要修改的图像的名称以及颜色模式。

2 图像选项:"明亮度"选项用来调整图像匹配的明亮程度;"颜色强度"选项相当于图像的饱和度,因此它用来调整图像的饱和度;"渐隐"选项有点类似于图层蒙版,它决定了有多少源图像的颜色匹配到目标图像的颜色中;"中和"选项主要用来去除图像中的偏色现象。

3 图像统计:"使用源选区计算颜色"选项可以使用源图像中的选区图像的颜色来计算匹配颜色;"使用目标选区计算调整"选项可以使用目标图像中的选区图像的颜色来计算匹配颜色;"源"选项用来选择源图像,即将颜色匹配到目标图像的图像;"图层"选项用来选择需要用来匹配颜色的图层;"载入统计数据"和"存储统计数据"按钮主要用来载入已经存储的设置与存储当前的设置。

4 应用调整时忽略选区:如果目标图像中存在选区,选中该复选框,Photoshop 将忽视选区的存在,会将调整应用到整个图像。

5.2.12 使用"替换颜色"命令替换商品图像颜色 ↻

在拍摄商品图像时,经常因为拍摄设备的影响导致商品图像和商品本身存在色差,这时可通过"替换颜色"命令替换商品图像颜色。

下面介绍通过"替换颜色"命令替换商品图像颜色的具体操作方法。

素材文件	素材 \ 第 5 章 \5.2.12.jpg
效果文件	效果 \ 第 5 章 \5.2.12.jpg
视频文件	视频 \ 第 5 章 \5.2.12　使用"替换颜色"命令替换商品图像颜色 .mp4

◀◀◀◀◀

步骤 01 按 Ctrl+O 组合键，打开商品图像素材，如图 5-72 所示。

步骤 02 在菜单栏中选择"图像"|"调整"|"替换颜色"命令，如图 5-73 所示。

图 5-72 打开素材图像　　　　　　　　　　图 5-73 选择"替换颜色"命令

步骤 03 弹出"替换颜色"对话框，在黑色矩形框中适当位置重复单击，选中需要替换的颜色，如图 5-74 所示。

步骤 04 单击"结果"色块，弹出"拾色器（结果颜色）"对话框，设置 RGB 参数值分别为 195、50、58，如图 5-75 所示。

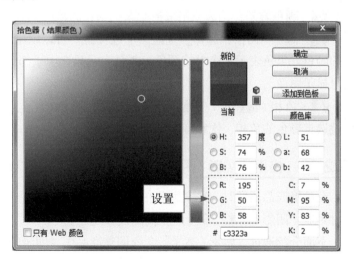

图 5-74 选择需要替换的颜色　　　　　　　图 5-75 设置 RGB 参数值

步骤 05 单击"确定"按钮，返回"替换颜色"对话框，设置"颜色容差"为 100、"色相"为 15，如图 5-76 所示。

步骤 06 单击"确定"按钮，即可替换图像颜色，效果如图 5-77 所示。

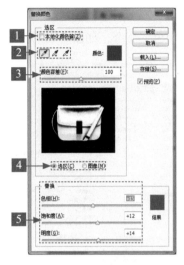

图 5-76　设置参数

图 5-77　最终效果

"替换颜色"对话框各选项的含义如下。

1 　本地化颜色簇：该复选框主要用来在图像上选择多种颜色。

2 　吸管：单击"吸管工具"按钮，在图像上单击鼠标左键可以选中单击点处的颜色，同时在"选区"缩略图中也会显示出选中的颜色区域；单击"添加到取样"按钮，在图像上单击鼠标左键，可以将单击点处的颜色添加到选中的颜色中；单击"从取样中减去"按钮，在图像上单击鼠标左键，可以将单击点处的颜色从选定的颜色中减去。

3 　颜色容差：该选项用来控制选中颜色的范围，数值越大，选中的颜色范围越广。

4 　选区 / 图像：选择"选区"单选按钮，可以以蒙版方式进行显示，其中白色表示选中的颜色，黑色表示未选中的颜色，灰色表示只选中了部分颜色；而选择"图像"单选按钮，则只显示图像。

5 　色相 / 饱和度 / 明度：这 3 个选项与"色相 / 饱和度"命令的 3 个选项相同，可以调整选定颜色的色相、饱和度和明度。

5.2.13　使用"阴影 / 高光"命令调整商品图像明暗

在拍摄商品图像时，经常因为拍摄设备、光线以及拍摄技术的影响，导致商品图像偏亮，这时可通"阴影 / 高光"命令调整商品图像明暗。

下面介绍通过"阴影 / 高光"命令调整商品图像明暗的具体操作方法。

素材文件	素材 \ 第 5 章 \5.2.13.jpg
效果文件	效果 \ 第 5 章 \5.2.13.jpg
视频文件	视频 \ 第 5 章 \5.2.13　使用"阴影 / 高光"命令调整商品图像明暗 .mp4

步骤 `01` 　按 Ctrl+O 组合键，打开商品图像素材，如图 5-78 所示。

步骤 `02` 　在菜单栏中选择"图像"|"调整"|"阴影 / 高光"命令，如图 5-79 所示。

图 5-78　打开素材图像　　　　　　　　图 5-79　选择"阴影／高光"命令

步骤 03 弹出"阴影／高光"对话框，在"阴影"选项区中设置"数量"为 25%、在"高光"选项区中设置"数量"为 15%，如图 5-80 所示。

步骤 04 单击"确定"按钮，即可调整图像明暗，效果如图 5-81 所示。

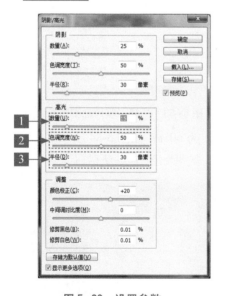

图 5-80　设置参数　　　　　　　　　图 5-81　最终效果

"阴影／高光"对话框主要选项的含义如下。

1 数量：用于调整图像阴影或高光区域。该值越大，则调整的幅度也越大。

2 色调宽度：用于控制对图像的阴影或高光部分的修改范围。该值越大，则调整的范围越大。

3 半径：用于确定图像中哪些是阴影区域，哪些是高光区域，然后对已确定的区域进行调整。

5.2.14　使用"照片滤镜"命令过滤商品图像色调

网店卖家在做商品图片后期处理时，若想改变背景颜色和商品图像色调，这时可通过"照片滤镜"命令来实现。

下面介绍通过"照片滤镜"命令过滤商品图像色调的具体操作方法。

素材文件	素材 \ 第 5 章 \5.2.14.jpg
效果文件	效果 \ 第 5 章 \5.2.14.jpg
视频文件	视频 \ 第 5 章 \5.2.14　使用"照片滤镜"命令过滤商品图像色调 .mp4

步骤 **01**　按 Ctrl+O 组合键，打开商品图像素材，如图 5-82 所示。

步骤 **02**　在菜单栏中选择"图像"|"调整"|"照片滤镜"命令，如图 5-83 所示。

图 5-82　打开素材图像　　　　　　　　图 5-83　选择"照片滤镜"命令

步骤 **03**　弹出"照片滤镜"对话框，设置"浓度"为 60%，如图 5-84 所示。

步骤 **04**　单击"确定"按钮，即可过滤图像色调，效果如图 5-85 所示。

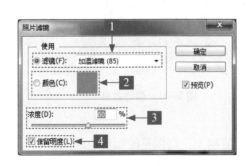

图 5-84　设置参数　　　　　　　　　　　图 5-85　最终效果

"照片滤镜"对话框各选项的含义如下。

1　滤镜：包含 20 种预设选项，用户可以根据需要选择合适的选项，对图像进行调整。

2 颜色：单击该色块，在弹出的"拾色器"对话框中可以自定义一种颜色作为图像的色调。

3 浓度：用于调整应用于图像的颜色数量。该值越大，应用颜色浓度越大。

4 保留明度：选中该复选框，在调整颜色的同时保持原图像的亮度。

5.2.15 使用"通道混合器"命令调整图像色调

网店卖家在做商品图片后期处理时，若想改变背景颜色和商品图像色调，可通过"通道混合器"命令来实现。

下面介绍通过"通道混合器"命令调整图像色调的具体操作方法。

素材文件	素材 \ 第 5 章 \5.2.15.jpg
效果文件	效果 \ 第 5 章 \5.2.15.jpg
视频文件	视频 \ 第 5 章 \5.2.15 使用"通道混合器"命令调整图像色调 .mp4

步骤 01 按 Ctrl+O 组合键，打开商品图像素材，如图 5-86 所示。

步骤 02 在菜单栏中选择"图像"|"调整"|"通道混合器"命令，如图 5-87 所示。

图 5-86 打开素材图像

图 5-87 选择"通道混合器"命令

专家指点

"通道混合器"命令可以用当前颜色通道的混合器修改颜色通道，但在使用该命令前要选择复合通道。

步骤 03 弹出"通道混合器"对话框，设置"输出通道"为"红"、"红色"为100%，"绿色"为–4%、"蓝色"为2%，效果如图 5-88 所示。

步骤 04 单击"确定"按钮，即可调整图像色调，效果如图 5-89 所示。

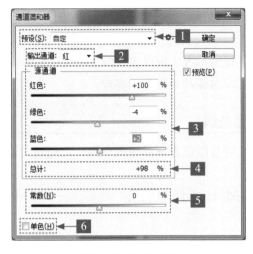

图 5-88　设置参数

图 5-89　最终效果

"通道混合器"对话框各选项的含义如下。

1　预设：该下拉列表中包含了 Photoshop 提供的预设调整设置文件。

2　输出通道：可以选择要调整的通道。

3　源通道：用来设置输出通道中源通道所占的百分比。

4　总计：显示了通道的总计值。

5　常数：用来调整输出通道的灰度值。

6　单色：选中该复选框，可以将彩色图像转换为黑白效果。

5.2.16　使用"可选颜色"命令改变商品图像颜色

在处理商品图像时，由于光线、拍摄设备等因素，经常会使拍摄的商品图像颜色出现不平衡的情况，这时可使用"可选颜色"命令校正商品图像色彩平衡。

专家指点

"可选颜色"命令主要用于校正图像的色彩不平衡和调整图像的色彩，它可以在高档扫描仪和分色程序中使用，并有选择性地修改主要颜色的印刷数量，不会影响其他主要颜色。

下面介绍通过"可选颜色"命令改变商品图像颜色的具体操作方法。

素材文件	素材 \ 第 5 章 \5.2.16.jpg
效果文件	效果 \ 第 5 章 \5.2.16.jpg
视频文件	视频 \ 第 5 章 \5.2.16　使用"可选颜色"命令改变商品图像颜色 .mp4

步骤　01　按 Ctrl+O 组合键，打开商品图像素材，如图 5-90 所示。

步骤　02　在菜单栏中选择"图像"|"调整"|"可选颜色"命令，如图 5-91 所示。

图 5-90　打开素材图像　　　　　　　　　图 5-91　选择"可选颜色"命令

步骤　03　弹出"可选颜色"对话框，设置"青色"为 -3%、"洋红"为 –31%、"黄色"为 –82%、"黑色"为 20%，如图 5-92 所示。

步骤　04　单击"确定"按钮，即可改变图像颜色，效果如图 5-93 所示。

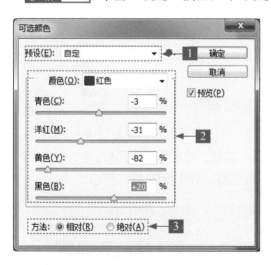

图 5-92　设置参数　　　　　　　　　　　图 5-93　最终效果

"可选颜色"对话框各选项的含义如下。

1　预设：可以使用系统预设的参数对图像进行调整。

2　颜色：可以选择要改变的颜色，然后通过下方的"青色""洋红""黄色""黑色"4个滑块对选择的颜色进行调整。

3　方法：该选项区中包括"相对"和"绝对"两个单选按钮，选中"相对"单选按钮，表示设置的颜色为相对于原颜色的改变量，即在原颜色的基础上增加或减少某种印刷色的含量；选中"绝对"单选按钮，则直接将原颜色校正为设置的颜色。

5.2.17　使用"黑白"命令去除商品图像颜色

网店卖家在做商品图像后期处理时，若想使商品图像呈现黑白照片效果，可通过"黑白"命令来实现。

下面介绍通过"黑白"命令去除商品图像颜色的具体操作方法。

素材文件	素材 \ 第 5 章 \5.2.17.jpg
效果文件	效果 \ 第 5 章 \5.2.17.jpg
视频文件	视频 \ 第 5 章 \5.2.17　使用"黑白"命令去除商品图像颜色 .mp4

步骤 01　按 Ctrl+O 组合键，打开商品图像素材，如图 5-94 所示。

步骤 02　在菜单栏中选择"图像"|"调整"|"黑白"命令，如图 5-95 所示。

图 5-94　打开素材图像

图 5-95　选择"黑白"命令

步骤 03　弹出"黑白"对话框，单击"自动"按钮，得到各部分参数，如图 5-96 所示。

步骤 04　单击"确定"按钮，即可制作黑白图像，效果如图 5-97 所示。

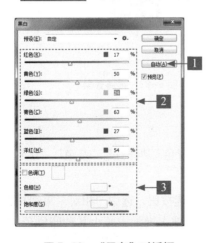

图 5-96　"黑白"对话框

图 5-97　最终效果

"黑白"对话框各选项的含义如下。

1 自动：单击该按钮，可以设置基于图像的颜色值的灰度混合，并使灰度值的分布最大化。

2 拖动颜色滑块调整：拖动各个颜色的滑块可以调整图像中特定颜色的灰色调，向左拖动灰色调变暗，向右拖动灰色调变亮。

3 色调：选中该复选框，可以为灰度着色，创建单色调效果，也可拖动"色相"和"饱和度"滑块进行调整。单击颜色块，可以打开"拾色器"对话框对颜色进行调整。

💬 专家指点

运用"黑白"命令可以将图像调整为具有艺术感的黑白图像，也可以调整出不同单色的艺术效果。

5.2.18　使用"去色"命令制作灰度商品图像效果

网店卖家在做商品图片后期处理时，若想使商品图像呈现灰度效果，可通过"去色"命令来实现。

下面介绍通过"去色"命令制作灰度商品图像效果的具体操作方法。

素材文件	素材 \ 第 5 章 \5.2.18.jpg
效果文件	效果 \ 第 5 章 \5.2.18.jpg
视频文件	视频 \ 第 5 章 \5.2.18　使用"去色"命令制作灰度商品图像效果 .mp4

步骤 01　按 Ctrl+O 组合键，打开商品图像素材，如图 5-98 所示。

步骤 02　在菜单栏中选择"图像"|"调整"|"去色"命令，即可将图像去色成灰色显示，效果如图 5-99 所示。

图 5-98　打开素材图像　　　　　　　　　图 5-99　最终效果

第6章

文字版式：
网店文字的编排处理

学习提示

　　不管是在网店设计、还是在商品促销中，文字的使用是非常广泛的。通过对文字进行编排与设计，不但能够更有效地表现活动主题，还可以对商品图像起到美化作用，从而使文字体现其引导价值，增强网店图像的视觉效果。本章将详细讲述网店文字编排设计的方法。

本章重点导航

◎ 制作网店商品横排文字效果
◎ 制作网店商品直排文字效果
◎ 修改商品文字段落属性效果
◎ 制作商品文字段落属性效果
◎ 设置商品文字段落属性效果
◎ 制作横排商品文字蒙版效果
◎ 制作直排商品文字蒙版效果
◎ 制作文字水平垂直互换效果

◎ 制作文字沿路径排列效果
◎ 调整商品文字路径的形状
◎ 调整商品文字位置的排列
◎ 制作商品文字"凸起"效果
◎ 制作商品文字"下弧"效果
◎ 制作商品文字转换为路径效果
◎ 制作商品文字栅格化处理效果
◎ 制作商品文字描边效果

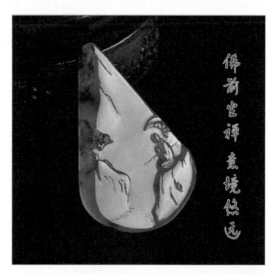

6.1 文字排版：输入与编辑商品文字

在 Photoshop CC 中，提供了 4 种文字输入工具，分别为横排文字工具、直排文字工具、横排文字蒙版工具和直排文字蒙版工具，选择不同的文字工具会创建出不同类型的文字效果。

6.1.1 制作网店商品横排文字效果

在处理商品图片时，经常需要在商品图片上附上商品说明，这时可以通过横排文字工具制作横排商品文字效果。

下面详细介绍制作商品横排文字效果的操作方法。

素材文件	素材 \ 第 6 章 \6.1.1.jpg
效果文件	效果 \ 第 6 章 \6.1.1.psd、6.1.1.jpg
视频文件	视频 \ 第 6 章 \6.1.1　制作网店商品横排文字效果 .mp4

步骤 01 按 Ctrl+O 组合键，打开商品图像素材，如图 6-1 所示。

步骤 02 在工具箱中选取横排文字工具，如图 6-2 所示。

图 6-1　打开素材图像

图 6-2　选取横排文字工具

步骤 03 选取横排文字工具后，其工具属性栏如图 6-3 所示。

图 6-3　文字工具属性栏

文字工具属性栏各选项的含义如下。

1 更改文本方向：如果当前文字是横排文字，单击该按钮，可以将其转换为直排文字；如果是直排文字，可以将其转换为横排文字。

2 设置字体：在该选项列表框中可以选择字体。

3 字体样式：为字符设置样式，包括 Regular(规则的)、Italic(斜体)、Bold(粗体) 和

Bold Italic(粗斜体)，该选项只对部分英文字体有效。

4 字体大小：可以选择字体的大小，或者直接输入数值进行调整。

5 消除锯齿的方法：可以为文字消除锯齿选择一种方法，Photoshop 会通过部分填充边缘像素来产生边缘平滑的文字，使文字的边缘混合到背景中而看不出锯齿。

6 文本对齐：根据输入文字时光标的文字来设置文本的对齐方式，包括左对齐文本、居中对齐文本和右对齐文本 。

7 文本颜色：单击颜色块，可以在打开的"拾色器（文本颜色）"对话框中设置文字的颜色。

8 文本变形：单击该按钮，可以在打开的"变形文字"对话框中为文本添加变形样式，创建变形文字。

9 显示/隐藏字符和段落面板：单击该按钮，可以显示或隐藏"字符"面板和"段落"面板。

步骤 04 将鼠标移至图像编辑窗口中，单击鼠标左键确定文字的插入点，如图6-4所示。

步骤 05 在工具属性栏中设置"字体"为"幼圆"、"字体大小"为11点，如图6-5所示。

图 6-4　确定文字插入点

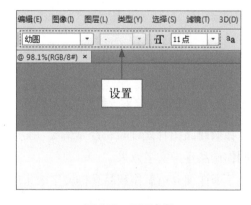

图 6-5　设置参数

步骤 06 在工具属性栏中单击"颜色"色块，弹出"拾色器（文本颜色）"对话框，设置颜色为白色 (RGB 参数值均为 255)，如图6-6所示。

步骤 07 单击"确定"按钮后，输入文字，效果如图6-7所示。

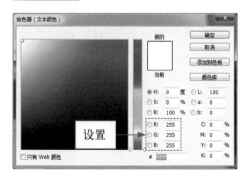

图 6-6　设置参数

图 6-7　输入文字

步骤 08 单击工具属性栏右侧的"提交所有当前编辑"按钮 ✔，即可结束当前文字输入，如图 6-8 所示。

步骤 09 选取工具箱中的移动工具，将文字移动至合适位置，最终效果如图 6-9 所示。

图 6-8 单击"提交所有当前编辑"按钮

图 6-9 最终效果

💬 专家指点

不仅可以在工具属性栏中设置文字的字体、字号、文字颜色以及文字样式等属性，还可以在"字符"面板中，设置文字的各种属性。

6.1.2 制作网店商品直排文字效果

在做商品图片处理时，经常需要在商品图片上附上文字说明等，这时可通过直排文字工具制作商品直排文字效果。

下面详细介绍制作商品直排文字效果的操作方法。

素材文件	素材 \ 第 6 章 \6.1.2.jpg	
效果文件	效果 \ 第 6 章 \6.1.2.psd、6.1.2.jpg	
视频文件	视频 \ 第 6 章 \6.1.2 制作网店商品直排文字效果 .mp4	

步骤 01 按 Ctrl+O 组合键，打开商品图像素材，如图 6-10 所示。

步骤 02 选取工具箱中的直排文字工具，如图 6-11 所示。

步骤 03 将鼠标移至图像编辑窗口中，单击鼠标左键确定文字的插入点，如图 6-12 所示。

步骤 04 在工具属性栏中，设置字体为微软雅黑、字体大小为 24 点，如图 6-13 所示。

步骤 05 在工具属性栏中单击"颜色"色块，弹出"拾色器 (文本颜色)"对话框，设置颜色为黑色 (RGB 参数值分别为 18、8、6)，如图 6-14 所示。

步骤 06 单击"确定"按钮后，输入文字，如图 6-15 所示。

<<<<<

图 6-10　打开素材图像

图 6-11　选取直排文字工具

图 6-12　确定文字插入点

图 6-13　设置参数

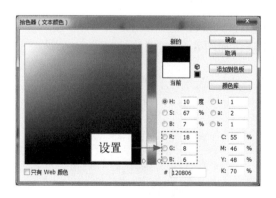

图 6-14　设置参数

图 6-15　输入文字

步骤 07　单击工具属性栏右侧的"提交所有当前编辑"按钮✔，即可结束当前文字输入，如图 6-16 所示。

步骤 08　选取工具箱中的移动工具，将文字移动至合适位置，效果如图 6-17 所示。

图 6-16　单击"提交所有当前编辑"按钮

图 6-17　最终效果

专家指点

　　按 Ctrl+Enter 组合键，确认输入的文字；如果单击工具属性栏上的"取消所有当前编辑"按钮，则可以清除输入的文字。

6.1.3　修改商品文字段落属性效果

　　在做商品图片后期处理时，若文字效果不佳，则需要通过更改文字属性来调整文字效果，达到美化商品图片的目的。

　　下面详细介绍修改商品文字段落属性效果的操作方法。

素材文件	素材 \ 第 6 章 \6.1.3.psd
效果文件	效果 \ 第 6 章 \6.1.3.psd、6.1.3.jpg
视频文件	视频 \ 第 6 章 \6.1.3　修改商品文字段落属性效果 .mp4

步骤　01　按 Ctrl+O 组合键，打开商品图像素材，如图 6-18 所示。

步骤　02　在"图层"面板中，选择文字图层，如图 6-19 所示。

图 6-18　打开素材图像

图 6-19　选择文字图层

<<<<<

步骤　03　在菜单栏中选择"窗口"|"字符"命令，如图 6-20 所示。

步骤　04　执行上述操作后，即可展开"字符"面板，如图 6-21 所示。

图 6-20　选择"字符"命令

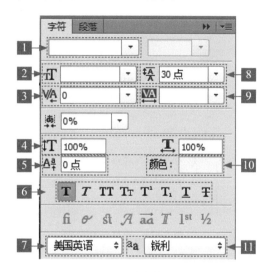

图 6-21　"字符"面板

"字符"面板各选项的含义如下。

1　字体：在该选项列表框中可以选择字体。

2　字体大小：可以选择字体的大小。

3　字距微调：用于调整两个字符之间的距离，在操作时首先要调整两个字符之间的间距，设置插入点，然后调整数值。

4　水平缩放/垂直缩放：水平缩放用于调整字符的宽度，垂直缩放用于调整字符的高度。这两个百分比相同时，可以进行等比缩放；不相同时，则可以进行不等比缩放。

5　基线偏移：用来控制文字与基线的距离，它可以升高或降低所选文字。

6　T 状按钮：T 状按钮用来创建仿粗体、斜体等文字样式，以及为字符添加下划线或删除线。

7　语言：可以对所选字符进行有关连字符和拼写规则的语言设置，Photoshop 使用语言词典检查连字符连接。

8　行距：行距是指文本中各个字行之间的垂直间距，同一段落的行与行之间可以设置不同的行距，但文字行中的最大行距决定了该行的行距。

9　字距调整：选择部分字符时，可以调整所选字符的间距。

10　颜色：单击颜色块，可以在打开的"拾色器（文本颜色）"对话框中设置文字的颜色。

11　消除锯齿的方法：可以为文字消除锯齿选择一种方法，Photoshop 会通过部分填充边缘像素来产生边缘平滑的文字，使文字的边缘混合到背景中而看不出锯齿。

步骤　05　设置"行距"为 40 点，如图 6-22 所示。

步骤 06 执行上述操作后，即可更改文字属性，调整文字至合适位置，效果如图 6-23 所示。

图 6-22 设置参数　　　　　　　　　　　图 6-23 最终效果

专家指点

当完成文字的输入后，发现文字的属性与整体的效果不太符合，此时则需要对文字的相关属性进行细节性的调整。

6.1.4 制作商品文字段落属性效果

在处理商品图片时，经常需要在商品图片上附上文字说明或商品描述等。若输入文字较多，这时可通过输入段落文字制作商品文字描述段落输入。

下面详细介绍输入段落描述商品文字的操作方法。

素材文件	素材 \ 第 6 章 \6.1.4.jpg
效果文件	效果 \ 第 6 章 \6.1.4.psd、6.1.4.jpg
视频文件	视频 \ 第 6 章 \6.1.4　制作商品文字段落属性效果 .mp4

步骤 01 按 Ctrl+O 组合键，打开商品图像素材，如图 6-24 所示。

步骤 02 在工具箱中选取横排文字工具，如图 6-25 所示。

步骤 03 将鼠标移至图像编辑窗口中，单击鼠标左键并拖曳鼠标至合适位置，释放鼠标即可创建一个文本框，如图 6-26 所示。

步骤 04 在工具属性栏中，设置字体为"黑体"、字体大小为 10 点，如图 6-27 所示。

步骤 05 在工具属性栏中单击"颜色"色块，弹出"拾色器 (文本颜色)"对话框，设置颜色为黑色 (RGB 参数值均为 0)，如图 6-28 所示。

步骤 06 单击"确定"按钮后，输入相应文字，效果如图 6-29 所示。

图 6-24　打开素材图像

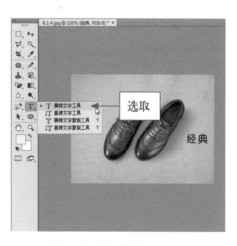

图 6-25　选取横排文字工具

图 6-26　创建文本框

图 6-27　设置参数

图 6-28　设置参数

图 6-29　输入文字

步骤 07 单击工具属性栏右侧的"提交所有当前编辑"按钮✔，即可结束当前文字输入，如图 6-30 所示。

步骤 08 选取工具箱中的移动工具，将文字移动至合适位置，效果如图 6-31 所示。

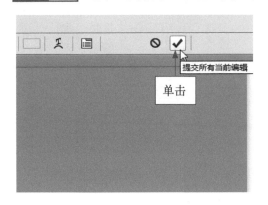

图 6-30 单击"提交所有当前编辑"按钮   图 6-31 最终效果

6.1.5 设置商品文字段落属性效果

在做商品图片后期处理时，经常在商品图片上添加商品描述。若想改变商品描述段落文字显示效果，可通过设置文字段落属性来实现。

下面详细介绍设置商品文字段落属性效果的操作方法。

素材文件	素材 \ 第 6 章 \6.1.5.psd
效果文件	效果 \ 第 6 章 \6.1.5.psd、6.1.5.jpg
视频文件	视频 \ 第 6 章 \6.1.5 设置商品文字段落属性效果 .mp4

步骤 01 按 Ctrl+O 组合键，打开商品图像素材，如图 6-32 所示。

步骤 02 在"图层"面板中，选择文字图层，如图 6-33 所示。

图 6-32 打开素材图像   图 6-33 选择文字图层

步骤 03 在菜单栏中选择"窗口"|"段落"命令，如图 6-34 所示。

步骤 04 执行上述操作后，即可展开"段落"面板，如图 6-35 所示。

图 6-34　选择"段落"命令

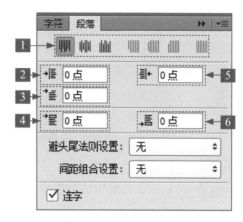

图 6-35　"段落"面板

"段落"面板各选项的含义如下。

1 对齐方式：对齐方式包括左对齐文本、居中对齐文本、右对齐文本、最后一行左对齐、最后一行居中对齐、最后一行右对齐和全部对齐。

2 左缩进：设置段落的左缩进。

3 首行缩进：缩进段落中的首行文字。对于横排文字，首行缩进与左缩进有关；对于直排文字，首行缩进与顶端缩进有关。要创建首行悬挂缩进，必须输入一个负值。

4 段前添加空格：设置段落与上一行的距离，或全选文字的每一段的距离。

5 右缩进：设置段落的右缩进。

6 段后添加空格：设置每段文本后的一段距离。

步骤 05 设置"左缩进"为 5 点，如图 6-36 所示。

步骤 06 执行上述操作后，即可更改文字段落属性，再使用移动工具进行调整，效果如图 6-37 所示。

图 6-36　设置左缩进

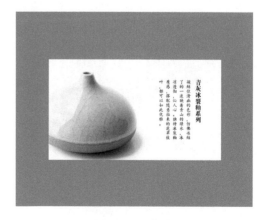

图 6-37　最终效果

6.1.6 制作横排商品文字蒙版效果

在处理商品图片时，经常需要在商品图片上注明文字说明，以达到宣传效果。这时可通过横排文字蒙版工具制作商品文字效果。

下面详细介绍制作横排商品文字蒙版效果的操作方法。

素材文件	素材 \ 第 6 章 \6.1.6.jpg
效果文件	效果 \ 第 6 章 \6.1.6.jpg
视频文件	视频 \ 第 6 章 \6.1.6　制作横排商品文字蒙版效果 .mp4

步骤 01 按 Ctrl+O 组合键，打开商品图像素材，如图 6-38 所示。

步骤 02 在工具箱中选取横排文字蒙版工具，如图 6-39 所示。

图 6-38　打开素材图像

图 6-39　选取横排文字蒙版工具

步骤 03 将鼠标移动至图像编辑窗口中，单击鼠标左键确定文字的插入点，此时图像呈淡红色，如图 6-40 所示。

步骤 04 在工具属性栏中，设置字体为"创艺简宋体"、字体大小为 24 点，如图 6-41 所示。

图 6-40　确定文字插入点

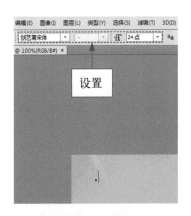

图 6-41　设置参数

步骤 05 设置好参数后，输入文字，此时输入的文字呈实体显示，如图 6-42 所示。

步骤 06 单击工具属性栏右侧的"提交所有当前编辑"按钮✔，即可结束当前文字输入，如图 6-43 所示。

图 6-42 输入文字

图 6-43 单击"提交所有当前编辑"按钮

步骤 07 执行上述操作后，即可创建文字选区，效果如图 6-44 所示。

步骤 08 在工具箱底部单击"前景色"色块，弹出"拾色器（前景色）"对话框，设置前景色为白色 (RGB 参数值均为 255)，如图 6-45 所示。

图 6-44 创建文字选区

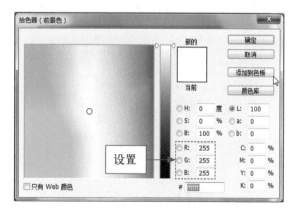

图 6-45 设置参数

步骤 09 单击"确定"按钮，按 Alt + Delete 组合键为选区填充前景色，效果如图 6-46 所示。

步骤 10 按 Ctrl+D 组合键取消选区，输入文字效果如图 6-47 所示。

图 6-46 填充前景色

图 6-47 最终效果

6.1.7 制作直排商品文字蒙版效果

在处理商品图片时，经常需要在商品图片上注明文字说明，以达到宣传效果。若商品图像呈垂直分布，这时可通过直排文字蒙版工具制作商品文字效果。

下面详细介绍制作直排商品文字蒙版效果的操作方法。

素材文件	素材 \ 第 6 章 \6.1.7.jpg
效果文件	效果 \ 第 6 章 \6.1.7.jpg
视频文件	视频 \ 第 6 章 \6.1.7　制作直排商品文字蒙版效果 .mp4

步骤 01 按 Ctrl+O 组合键，打开商品图像素材，如图 6-48 所示。

步骤 02 在工具箱中选取直排文字蒙版工具，如图 6-49 所示。

图 6-48　打开素材图像

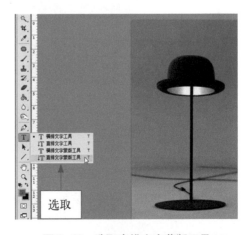

图 6-49　选取直排文字蒙版工具

步骤 03 将鼠标移至图像编辑窗口中，单击鼠标左键确定文字的插入点，此时图像呈淡红色，如图 6-50 所示。

步骤 04 在工具属性栏中，设置字体为"方正大黑简体"、字体大小为 15 点，如图 6-51 所示。

图 6-50 确定文字插入点

图 6-51 设置参数

步骤 05 设置好参数后，输入文字，此时输入的文字呈实体显示，单击工具属性栏右侧的"提交所有当前编辑"按钮 ✔，即可结束当前文字输入，创建文字选区，如图 6-52 所示。

步骤 06 在工具箱底部单击"前景色"色块，弹出"拾色器（前景色）"对话框，设置前景色为深灰色 (RGB 参数值均为 20)，如图 6-53 所示。

图 6-52 创建文字选区

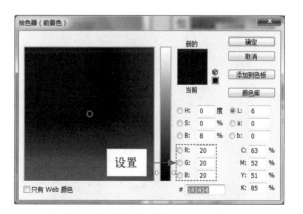

图 6-53 设置参数

步骤 07 单击"确定"按钮，按 Alt + Delete 组合键为选区填充前景色，效果如图 6-54 所示。

步骤 08 按 Ctrl+D 组合键取消选区，输入的文字效果如图 6-55 所示。

图 6-54　填充前景色　　　　　　　　　　　　图 6-55　最终效果

6.1.8　制作商品文字水平垂直互换效果

在做商品图片后期处理时，若想改变商品文字显示效果，可以通过文字水平垂直互换来实现。

下面详细介绍制作商品文字水平垂直互换效果的操作方法。

素材文件	素材 \ 第 6 章 \6.1.8.psd
效果文件	效果 \ 第 6 章 \6.1.8.psd、6.1.8.jpg
视频文件	视频 \ 第 6 章 \6.1.8　制作商品文字水平垂直互换效果 .mp4

步骤 01 按 Ctrl+O 组合键，打开商品图像素材，如图 6-56 所示。

步骤 02 在"图层"面板选择文字图层，如图 6-57 所示。

图 6-56　打开素材图像　　　　　　　　　　　图 6-57　选择文字图层

步骤 03 选取工具箱中的横排文字工具，在工具属性栏中，单击"切换文本取向"按钮 ⥮，如图 6-58 所示。

步骤 04 执行操作后，即可更改文本的排列方向，切换至移动工具，调整文字的位置，效果如图 6-59 所示。

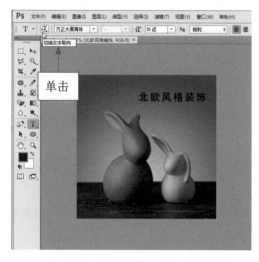

图 6-58 单击"切换文本取向"按钮

图 6-59 最终效果

专家指点

除了上述操作方法以外，还有两种方法可以切换文字排列。

● 在菜单栏中选择"图层"|"文字"|"水平"命令，可以在直排文字与横排文字之间进行相互转换。

● 在菜单栏中选择"图层"|"文字"|"垂直"命令，可以在直排文字与横排文字之间进行相互转换。

6.1.9 制作商品文字沿路径排列效果

在做商品图片后期处理时，若想制作商品文字特殊排列效果，可通过绘制路径，并沿路径排列文字。

下面详细介绍制作商品文字沿路径排列效果的操作方法。

素材文件	素材 \ 第 6 章 \6.1.9.jpg
效果文件	效果 \ 第 6 章 \6.1.9.psd、6.1.9.jpg
视频文件	视频 \ 第 6 章 \6.1.9 制作商品文字沿路径排列效果 .mp4

步骤 01 按 Ctrl+O 组合键，打开商品图像素材，如图 6-60 所示。

步骤 02 在工具箱中选取钢笔工具，在图像编辑窗口中的合适位置绘制一条曲线路径，如图 6-61 所示。

图 6-60　打开素材图像

图 6-61　绘制曲线路径

步骤 03　选取工具箱中的横排文字工具，在路径上单击鼠标左键，确定文字输入点，如图 6-62 所示。

步骤 04　在工具属性栏中，设置字体为"方正颜宋简体"、字体大小为 30 点，如图 6-63 所示。

图 6-62　确定文字输入点

图 6-63　设置参数

💬 专家指点

沿路径输入文字时，文字将沿着锚点添加到路径方向。如果在路径上输入横排文字，文字方向将与基线垂直；当在路径上输入直排文字时，文字方向将与基线平行。

步骤 05　在工具属性栏中单击"颜色"色块，弹出"拾色器（文本颜色）"对话框，设置颜色为木色（RGB 参数值分别为 110、71、44），如图 6-64 所示。

步骤 06　单击"确定"按钮后，输入文字，按 Ctrl+Enter 组合键，确认文字输入，并隐藏路径，效果如图 6-65 所示。

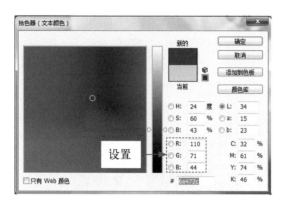

图 6-64　设置参数　　　　　　　　　　　图 6-65　最终效果

6.1.10　调整商品文字路径的形状

　　网店卖家在做商品图片后期处理时，若觉得文字路径形状效果不理想，想改变商品文字排列形状效果，可通过调整文字路径形状来实现。

　　下面详细介绍调整商品文字路径的形状的操作方法。

素材文件	素材 \ 第 6 章 \6.1.10.psd
效果文件	效果 \ 第 6 章 \6.1.10.psd、6.1.10.jpg
视频文件	视频 \ 第 6 章 \6.1.10　调整商品文字路径的形状 .mp4

　　步骤 01　按 Ctrl+O 组合键，打开商品图像素材，如图 6-66 所示。

　　步骤 02　在"图层"面板中选择"陶艺米饭碗"文字图层，展开"路径"面板，在"路径"面板中，选择文字路径，如图 6-67 所示。

图 6-66　打开素材图像　　　　　　　　　图 6-67　选择文字路径

　　步骤 03　在工具箱中选取直接选择工具，移动鼠标至图像编辑窗口中的文字路径上，单击鼠标左键并拖曳节点至合适位置，如图 6-68 所示。

　　步骤 04　执行上述操作后，按 Enter 键确认，即可调整文字路径的形状，调整位置后的效果如图 6-69 所示。

图 6-68　拖曳节点

图 6-69　最终效果

6.1.11　调整商品文字位置的排列

在做商品图片后期处理时，若想改变商品文字位置的排列效果，可通过路径选择工具，调整文字在路径上的起始位置来改变文字的位置排列。

下面详细介绍调整商品文字位置的排列的操作方法。

素材文件	素材 \ 第 6 章 \6.1.11.psd
效果文件	效果 \ 第 6 章 \6.1.11.psd、6.1.11.jpg
视频文件	视频 \ 第 6 章 \6.1.11　调整商品文字位置的排列 .mp4

步骤 01　按 Ctrl+O 组合键，打开商品图像素材，如图 6-70 所示。

步骤 02　在"图层"面板中选择文字图层，展开"路径"面板，在"路径"面板中，选择文字路径，如图 6-71 所示。

图 6-70　打开素材图像

图 6-71　选择文字路径

步骤 03 选取工具箱中的路径选择工具，移动鼠标至图像编辑窗口中的文字路径上，单击鼠标左键，如图 6-72 所示。

步骤 04 执行上述操作后，按 Enter 键确认，即可调整文字位置的排列，调整位置后的效果如图 6-73 所示。

图 6-72　单击鼠标

图 6-73　最终效果

6.2　文字特效：制作各类商品文字特效

在设计网店商品图像的文字效果时，将文字转换为路径、形状、图像、矢量智能对象后，用户可以进行调整文字的形状、添加描边、使用滤镜、叠加颜色或图案等操作。

6.2.1　制作商品文字凸起效果

当网店卖家在做商品图片处理时，经常在商品图片上添加文字描述，这时可使用变形文字，使画面显得更美观，很容易就能引起买家的注意。

下面详细介绍制作商品文字凸起效果的操作方法。

素材文件	素材 \ 第 6 章 \6.2.1.jpg
效果文件	效果 \ 第 6 章 \6.2.1.psd、6.2.1.jpg
视频文件	视频 \ 第 6 章 \6.2.1　制作商品文字凸起效果 .mp4

步骤 01 按 Ctrl+O 组合键，打开商品图像素材，如图 6-74 所示。

步骤 02 在工具箱中选取横排文字工具，在工具属性栏中设置字体为"方正粗黑宋简体"、字体大小为 48 点，设置取消锯齿的方法为"平滑"，如图 6-75 所示。

| 图 6-74　打开素材图像 | 图 6-75　设置参数 |

步骤 **03** 在工具属性栏中单击"颜色"色块，弹出"拾色器（文本颜色）"对话框，设置颜色为黑色 (RGB 参数值均为 0)，如图 6-76 所示。

步骤 **04** 单击"确定"按钮后，将鼠标移至图像编辑窗口中，单击鼠标左键并输入文字，按 Ctrl+Enter 组合键，确认文字输入，如图 6-77 所示。

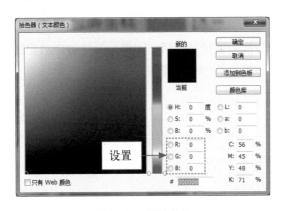

| 图 6-76　设置参数 | 图 6-77　输入文字 |

专家指点

通过"文字变形"对话框可以对选定的文字进行多种变形操作，使文字更加富有灵动感和层次感。

步骤 **05** 在菜单栏中选择"类型"|"文字变形"命令，如图 6-78 所示。

步骤 06 执行上述操作后，即可弹出"变形文字"对话框，如图 6-79 所示。

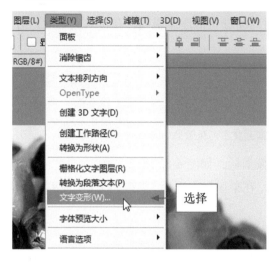

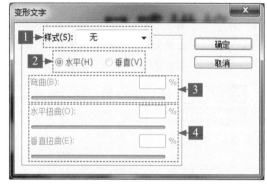

图 6-78 选择"文字变形"命令　　　　　　图 6-79 "变形文字"对话框

"变形文字"对话框各选项的含义如下。

1 样式：在该选项的下拉列表中可以选择 15 种变形样式。

2 水平／垂直：文本的扭曲方向为水平方向或垂直方向。

3 弯曲：设置文本的弯曲程度。

4 水平扭曲／垂直扭曲：可以对文本应用透视。

步骤 07 在"变形文字"对话框中，设置"样式"为"凸起""弯曲"为 20%，其他参数均保持默认即可，如图 6-80 所示。

步骤 08 单击"确定"按钮，即可完成变形文字的设置，效果如图 6-81 所示。

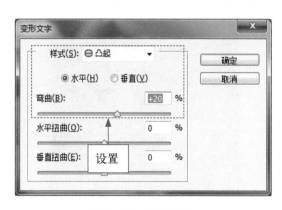

图 6-80 设置参数　　　　　　　　　　图 6-81 最终效果

6.2.2 制作商品文字下弧效果

在做商品图片后期处理时，经常使用文字对商品进行描述或说明。在输入文字后，可对文字进行变形扭曲操作，以得到更好的视觉效果。

下面详细介绍制作商品文字下弧效果的操作方法。

素材文件	素材 \ 第 6 章 \6.2.2.psd
效果文件	效果 \ 第 6 章 \6.2.2.psd、6.2.2.jpg
视频文件	视频 \ 第 6 章 \6.2.2　制作商品文字下弧效果 .mp4

步骤 01 按 Ctrl+O 组合键，打开商品图像素材，如图 6-82 所示。

步骤 02 在"图层"面板中选择文字图层，在菜单栏中选择"类型"|"文字变形"命令，如图 6-83 所示。

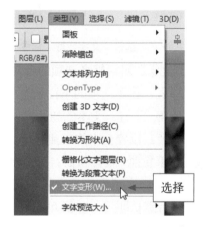

图 6-82　打开素材图像　　　　　图 6-83　选择"文字变形"命令

步骤 03 执行上述操作后，即可弹出"变形文字"对话框，设置"样式"为"下弧"、"弯曲"为 35%，如图 6-84 所示。

步骤 04 单击"确定"按钮，即可得到下弧效果，效果如图 6-85 所示。

图 6-84　设置参数　　　　　　　图 6-85　最终效果

6.2.3 制作商品文字转换为路径效果

在商品图片上添加文字描述时，可直接将文字转换为路径，从而可以直接通过此路径进行描边、填充等操作，制作出特殊的文字效果。

下面详细介绍制作商品文字转换为路径效果的操作方法。

素材文件	素材 \ 第 6 章 \6.2.3.psd
效果文件	效果 \ 第 6 章 \6.2.3.psd、6.2.3.jpg
视频文件	视频 \ 第 6 章 \6.2.3　制作商品文字转换为路径效果 .mp4

步骤 01 按 Ctrl+O 组合键，打开商品图像素材，如图 6-86 所示。

步骤 02 展开"图层"面板，选择文字图层，如图 6-87 所示。

图 6-86　打开素材图像

图 6-87　选择文字图层

步骤 03 在菜单栏中选择"类型"|"创建工作路径"命令，如图 6-88 所示。

步骤 04 执行上述操作后，隐藏文字图层，即可制作文字路径效果，如图 6-89 所示。

图 6-88　选择"创建工作路径"命令

图 6-89　最终效果

 专家指点

在将文字转换为路径后，原文字属性不变，产生的工作路径可以应用填充和描边，或者通过调整描点得到变形文字。

除上述方法制作文字路径外，还可在"图层"面板中选择文字图层，单击鼠标右键，在弹出的快捷菜单中选择"创建工作路径"命令，制作文字路径。

6.2.4 制作商品文字栅格化处理效果

在做商品图片处理时，若需要在文本图层中进行其他操作，就需要先将文字转换成图像，使文字图层变成普通图层。

下面详细介绍制作商品文字栅格化处理效果的操作方法。

素材文件	素材 \ 第 6 章 \6.2.4.psd
效果文件	效果 \ 第 6 章 \6.2.4.psd、6.2.4.jpg
视频文件	视频 \ 第 6 章 \6.2.4 制作商品文字栅格化处理效果 .mp4

步骤 01 按 Ctrl+O 组合键，打开商品图像素材，如图 6-90 所示。

步骤 02 展开"图层"面板，选择文字图层，在菜单栏中选择"类型"|"栅格化文字图层"命令，如图 6-91 所示。

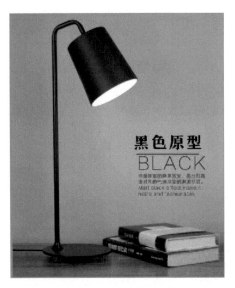

图 6-90 打开素材图像

图 6-91 选择"栅格化文字图层"命令

步骤 03 执行上述操作后，即可将文字图层转换为普通图层，如图 6-92 所示。

步骤 04 在工具箱中选取魔棒工具，将鼠标移动至图像编辑窗口中的文字上，单击鼠标左键，在菜单栏中选择"选择"|"选取相似"命令，即可创建文字图像选区，如图 6-93 所示。

图 6-92　转换为普通图层

图 6-93　创建文字图像选区

步骤 05 在工具箱底部单击"前景色"色块，弹出"拾色器（前景色）"对话框，设置 RGB 参数值均为 255，如图 6-94 所示。

步骤 06 单击"确定"按钮，按 Alt + Delete 组合键为选区填充前景色，按 Ctrl+D 组合键，取消选区，效果如图 6-95 所示。

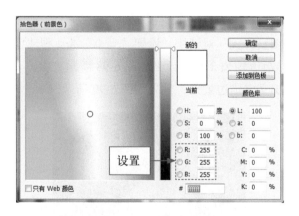

图 6-94　设置参数

图 6-95　填充前景色

专家指点

　　除上述方法制作文字图像效果外，还可在"图层"面板中选择文字图层，单击鼠标右键，选择"栅格化文字图层"命令，制作文字图像效果。

6.2.5 制作商品文字描边效果

网店卖家在做商品图片处理时，若觉得商品描述文字效果暗淡，这时可制作文字描边效果，提升文字显示效果。

下面详细介绍制作商品文字描边效果的操作方法。

素材文件	素材 \ 第 6 章 \6.2.5.psd
效果文件	效果 \ 第 6 章 \6.2.5.psd、6.2.5.jpg
视频文件	视频 \ 第 6 章 \6.2.5　制作商品文字描边效果 .mp4

步骤 01 按 Ctrl+O 组合键，打开商品图像素材，如图 6-96 所示。

步骤 02 展开"图层"面板，选择文字图层，在菜单栏中选择"图层"|"图层样式"|"描边"命令，如图 6-97 所示。

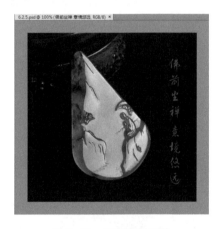

图 6-96　打开素材图像　　　　　　　　　图 6-97　选择"描边"命令

步骤 03 执行上述操作后，即可弹出"图层样式"对话框，设置"大小"为 1 像素、"位置"为"外部"、"颜色"为白色 (RGB 参数值均为 255)，效果如图 6-98 所示。

步骤 04 单击"确定"按钮，即可制作出文字描边效果，效果如图 6-99 所示。

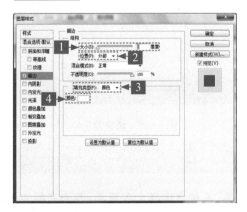

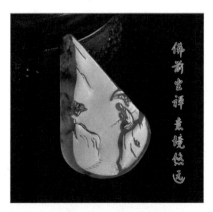

图 6-98　设置参数　　　　　　　　　　　图 6-99　最终效果

"图层样式"对话框各选项的含义如下。

1 大小：此选项用于控制"描边"的宽度。数值越大，则生成的描边宽度越大。

2 位置：在此下拉列表中，可以选择"外部""内部""居中"3种位置。如果选择"外部"选项，则用于描边的线条完全处于图像外部；如果选择"内部"选项，则用于描边的线条完全处于图像内部；选择"居中"选项，则用于描边的线条一半处于图像外部、一半处于图像内部，此时该图层样式同时修改透明度和图像像素。

3 填充类型：用于设置图像描边的类型。

4 颜色：单击该图标，可设置描边的颜色。

6.2.6 制作商品文字颜色效果

在做商品图片处理时，经常需要在商品图片上添加店铺活动来吸引目光。若想改变文字颜色效果，可使用"颜色叠加"图层样式改变文字颜色。

下面详细介绍制作商品文字颜色效果的操作方法。

素材文件	素材 \ 第 6 章 \6.2.6.psd
效果文件	效果 \ 第 6 章 \6.2.6.psd、6.2.6.jpg
视频文件	视频 \ 第 6 章 \6.2.6 制作商品文字颜色效果 .mp4

步骤 01 按 Ctrl+O 组合键，打开商品图像素材，如图 6-100 所示。

步骤 02 展开"图层"面板，选择文字图层，在菜单栏中选择"图层"|"图层样式"|"颜色叠加"命令，如图 6-101 所示。

图 6-100 打开素材图像

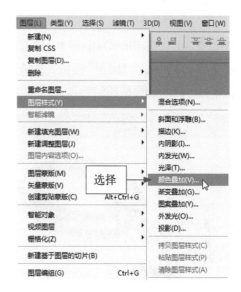

图 6-101 选择"颜色叠加"命令

步骤 03 执行上述操作后，即可弹出"图层样式"对话框，设置"颜色"为白色 (RGB 参数值均为 255)，如图 6-102 所示。

步骤 04 单击"确定"按钮，即可改变文字颜色效果，效果如图 6-103 所示。

图 6-102 设置颜色为白色　　　　　　　　　　　　图 6-103 最终效果

6.2.7 制作商品文字双色渐变效果

在做商品图片处理时，经常需要在商品图像上添加文字做宣传效果。这时可使用"渐变叠加"图层样式使文字产生颜色渐变，使画面更丰富多彩。

下面详细介绍制作商品文字双色渐变效果的操作方法。

素材文件	素材 \ 第 6 章 \6.2.7.psd
效果文件	效果 \ 第 6 章 \6.2.7.psd、6.2.7.jpg
视频文件	视频 \ 第 6 章 \6.2.7　制作商品文字双色渐变效果 .mp4

步骤 01 按 Ctrl+O 组合键，打开商品图像素材，如图 6-104 所示。

步骤 02 展开"图层"面板，选择文字图层，在菜单栏中选择"图层"|"图层样式"|"渐变叠加"命令，如图 6-105 所示。

图 6-104 打开素材图像　　　　　　　　　　　图 6-105 选择"渐变叠加"命令

步骤 03　执行上述操作后，即可弹出"图层样式"对话框，单击"点按可编辑渐变"色块，如图 6-106 所示。

步骤 04　弹出"渐变编辑器"对话框，单击左边"色标"后，单击"颜色"后的色块，如图 6-107 所示。

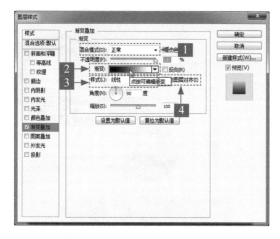

图 6-106　单击"点按可编辑渐变"色块　　　　图 6-107　单击"颜色"后的色块

"图层样式"对话框各选项的含义如下。

1 混合模式：用于设置使用渐变叠加时色彩混合的模式。

2 渐变：用于设置使用的渐变色。

3 样式：包括"线性""径向""角度"等渐变类型。

4 与图层对齐：从上到下绘制渐变时，选中该复选框，则渐变与图层对齐。

步骤 05　弹出"拾色器（色标颜色）"对话框，设置 RGB 参数值分别为 13、34、191，如图 6-108 所示。

步骤 06　单击"确定"按钮，重复以上操作设置右边"色标"为黄色 (RGB 参数值分别为 253、198、5)，如图 6-109 所示。

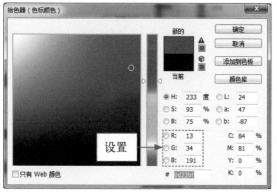

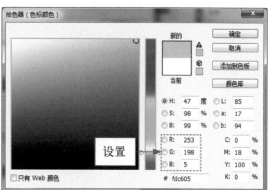

图 6-108　设置左边色标颜色　　　　　　图 6-109　设置右边色标颜色

步骤 **07** 单击"确定"按钮后,即可返回"渐变编辑器"对话框,单击"确定"按钮即可返回"图层样式"对话框,如图 6-110 所示。

步骤 **08** 单击"确定"按钮,即可制作出文字渐变效果,效果如图 6-111 所示。

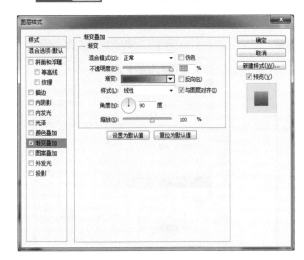

图 6-110 返回"图层样式"对话框   图 6-111   最终效果

💬 **专家指点**

除了上述方法可以弹出"图层样式"对话框外,还可在"图层"面板中选择文字图层,单击鼠标右键,在弹出的快捷菜单中选择"混合选项"命令,弹出"图层样式"对话框,选中"渐变叠加"复选框。

第 **7** 章

商品合成：商品图像合成设计

学习提示

如今，网店的广泛与普及，让消费者有了更的地选择，对于网店店铺的主人来说，如何抓住消费者的心，如何吸引消费者进行购买是首要考虑的问题，而作为"门面"的店铺商品展示则是重中之重。本章主要介绍网店商品图片的合成特效处理。

本章重点导航

◎ 彩妆背景优化效果制作   ◎ 女装背景内容优化效果

◎ 彩妆主体添加效果制作   ◎ 女装搭配主体处理效果

◎ 彩妆商品文体效果制作   ◎ 女装元素搭配制作效果

◎ 腕表店铺素材抠取处理   ◎ 手机界面背景处理效果

◎ 腕表店铺素材变换处理   ◎ 手机促销元素处理效果

◎ 腕表店铺素材合成处理   ◎ 手机促销文字制作效果

7.1 彩妆合成：彩妆店铺合成效果设计

制作化妆产品宣传册时，一定要表达出化妆品的功能性，元素不必多，只在于合理运用，同时通过色彩搭配来强调主题。本节为读者介绍淘宝天猫彩妆店铺合成特效的制作。

素材文件	素材 \ 第 7 章 \7.1.1(a).psd、7.1.1(b).psd
效果文件	效果 \ 第 7 章 \7.1.1.psd、7.1.1.jpg
视频文件	视频 \ 第 7 章 \7.1.1 彩妆背景优化效果制作 .mp4、7.1.2 彩妆主体添加效果制作 .mp4、7.1.3 彩妆商品文体效果制作 .mp4

7.1.1 彩妆背景优化效果制作

本小节为读者介绍淘宝彩妆店铺的背景制作效果。

步骤 01 在菜单栏中选择"文件"|"新建"命令，弹出"新建"对话框，设置"名称"为 7.1.1、"宽度"为 16 厘米、"高度"为 9.6 厘米、"分辨率"为 300 像素 / 英寸、"颜色模式"为"RGB 颜色"、"背景内容"为"白色"，如图 7-1 所示。

步骤 02 单击"确定"按钮，即可新建一个指定大小的空白图像，如图 7-2 所示。

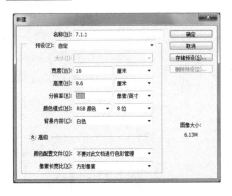

图 7-1 设置参数　　　　　　　　　　　图 7-2 新建空白图像

步骤 03 在菜单栏中选择"视图"|"新建参考线"命令，弹出"新建参考线"对话框，设置"取向"为"垂直"、"位置"为 0.1 厘米，单击"确定"按钮，执行上述操作后，即可新建一条垂直参考线，使用与上同样的方法，分别设置"位置"为 8 厘米和 15.88 厘米，创建两条垂直参考线，如图 7-3 所示。

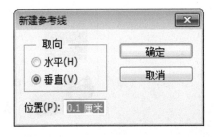

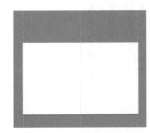

图 7-3 新建垂直参考线

步骤 04 选择"视图"|"新建参考线"命令，弹出"新建参考线"对话框，设置"取向"为"水平"，"位置"为 0.1 厘米和 9.5 厘米，创建两条水平参考线，如图 7-4 所示。

步骤 05 选取工具箱中的渐变工具，调出"渐变编辑器"对话框，设置从浅绿色 (RGB 参数值为 175、250、255) 到深绿色 (RGB 参数值为 149、208、181) 渐变色，并设置第二个滑块的"位置"为 100%，单击"确定"按钮，如图 7-5 所示。

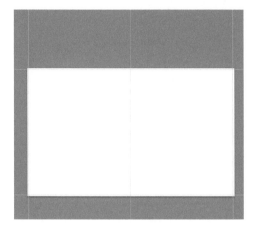

图 7-4 新建水平参考线

图 7-5 设置参数

步骤 06 展开"图层"面板，新建"图层 1"图层，在工具属性栏中单击"线性渐变"按钮，将鼠标指针移至图像编辑窗口左侧的合适位置，按住鼠标左键向右拖曳鼠标，至合适位置后，释放鼠标左键，填充渐变色，如图 7-6 所示。

步骤 07 选择"滤镜"|"杂色"|"添加杂色"命令，弹出"添加杂色"对话框，设置"数量"为 20%，选中"高斯分布"单选按钮和"单色"复选框，单击"确定"按钮，为图像添加杂色效果。选择"滤镜"|"模糊"|"动感模糊"命令，即可弹出"动感模糊"对话框，设置"角度"为 0 度、"距离"为 200 像素，如图 7-7 所示。

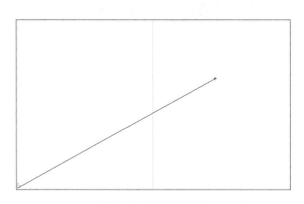

图 7-6 填充渐变色

图 7-7 设置参数

步骤 08 单击"确定"按钮，为图像制作出相应的动感模糊效果，选取工具箱中的模糊工具，在工具属性栏上设置"大小"为150、"硬度"为50%、"强度"为100%，将鼠标指针移至图像编辑窗口中的适当位置进行涂抹，选取加深工具和减淡工具，在工具属性栏上设置属性，并在图像编辑窗口中的合适位置进行涂抹，完成美化背景效果的设计，效果如图7-8所示。

图7-8　背景效果

7.1.2　彩妆主体添加效果制作

下面主要介绍运用矩形选框工具、渐变工具与图层蒙版，制作出商品图像的主体物相关效果。

步骤 01 按Ctrl+O组合键，打开一幅素材图像，并将其拖曳至图像编辑窗口中的合适位置，如图7-9所示。

步骤 02 选取工具箱中的矩形选框工具，在图像编辑窗口中的右侧创建一个合适大小的矩形选区，如图7-10所示。

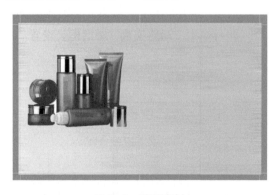

图7-9　移动素材

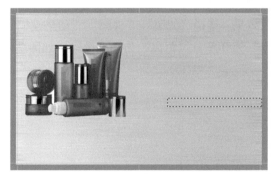

图7-10　创建矩形

步骤 03 新建3图层，选取工具箱中的渐变工具，调出"渐变编辑器"对话框，设置从深绿(RGB参数值为149、208、181)到浅绿色(RGB参数值为228、255、239)再到深绿色再到浅绿色的线性渐变，滑块"位置"分别为10%、25%、75%、100%，如图7-11所示。

步骤 04 单击"确定"按钮，在选区内从左至右填充渐变色，按Ctrl+D组合键，取消选区，如图7-12所示。

步骤 05 在"图层"面板中选中"图层 2"图层，按 Ctrl+J 组合键得到"图层 2 拷贝"图层，如图 7-13 所示。

步骤 06 按 Ctrl+T 组合键调出变换控制框，单击鼠标右键，在弹出的快捷菜单中选择"垂直翻转"命令，执行上述操作后，对图像的位置进行适当的调整，按 Enter 键确认，如图 7-14 所示。

图 7-11　设置参数

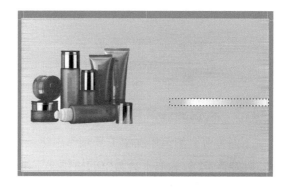

图 7-12　填充渐变

图 7-13　复制图层

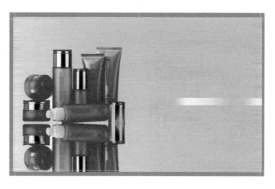

图 7-14　垂直翻转

步骤 07 单击"图层"面板底部的"添加矢量蒙版"按钮，为"图层 2 拷贝"图层添加图层蒙版，如图 7-15 所示。

步骤 08 选取工具箱中的渐变工具，设置从黑色到白色的线性渐变，将鼠标指针移至图像的下方，按住鼠标左键从下至上拖曳鼠标，至合适位置后释放鼠标，如图 7-16 所示。

图 7-15　添加蒙版　　　　　　　　　　　　图 7-16　为图层添加渐变

7.1.3　彩妆商品文体效果制作

下面主要介绍运用文字工具制作出化妆产品宣传的广告文字特效。

步骤 01 选取工具箱中的横排文字工具,在图像编辑窗口中输入相应字母,展开"字符"面板,设置"字体系列"为"方正中倩简体"、"字体大小"为27点、"字符间距"为100、"颜色"为白色,如图7-17所示。

步骤 02 选取直排文字工具,在图像编辑窗口中输入相应的数字和英文词组,并展开"字符"面板,设置"字体系列"为"方正大标宋简体"、"字体大小"为9点、"字符间距"为100、"颜色"为白色,再将该文字旋转180°,如图7-18所示。

图 7-17　输入文字　　　　　　　　　　　　图 7-18　输入文字

步骤 03 使用直排文字工具选中"360°"数字符号,展开"字符"面板,设置"大小"为24点,选取移动工具对该图像的位置进行适当的调整,如图7-19所示。

步骤 04 按 Ctrl+O 组合键,打开一幅素材图像,并将其拖曳至当前图像编辑窗口中的合适位置,完成淘宝彩妆效果的操作,如图7-20所示。

<<<<<

图 7-19 设置字体属性

图 7-20 最终效果

7.2 腕表合成：腕表店铺合成效果设计

腕表是淘宝网站热门的销售商品之一。对于琳琅满目的商品，一个好的店面装修和商品展示是非常重要的。本节为读者介绍淘宝天猫腕表店铺合成特效的制作。

素材文件	素材 \ 第 7 章 7.2.1(a).jpg、7.2.1(b).jpg、7.2.1(c).jpg、7.2.1(d).jpg、7.2.1(e).jpg、7.2.1(f).jpg
效果文件	效果 \ 第 7 章 \7.2.1.psd、7.2.1.jpg
视频文件	视频 \ 第 7 章 \7.2.1 腕表店铺素材抠取处理 .mp4、7.2.2 腕表店铺素材变换处理 .mp4、7.2.3 腕表店铺素材合成处理 .mp4

7.2.1 腕表店铺素材抠取处理

手表既是实用的计时工具，又具有装饰作用，深受广大消费者的喜爱。下面介绍手表类商品图片素材初期处理技巧。

步骤 01 按 Ctrl+O 组合键，打开多个商品图像素材，如图 7-21 所示。

步骤 02 切换图像编辑窗口，如图 7-22 所示。

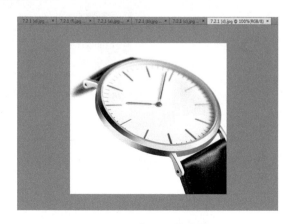

图 7-21 打开图像素材

图 7-22 切换窗口

步骤 03 按 Ctrl+J 组合键新建"图层 1"图层，并隐藏"背景"图层，如图 7-23 所示。

步骤 04 选取工具箱中的魔棒工具，设置"容差"为 10，在图像空白区域单击鼠标左键选中白色背景，如图 7-24 所示。

图 7-23 隐藏背景图层

图 7-24 选中白色背景

步骤 05 按 Delete 键删除背景，如图 7-25 所示。

步骤 06 按 Ctrl+D 组合键，取消选区，如图 7-26 所示。

图 7-25 删除背景

图 7-26 取消选区

7.2.2 腕表店铺素材变换处理

下面主要介绍运用移动工具、自由变换命令，缩放商品素材图像，制作出商品图像的主体物相关效果。

步骤 01 在工具箱中选取移动工具，将鼠标移动至素材图像上，按住鼠标左键，并拖动素材图像至 7.2.1(b) 图像编辑窗口中，如图 7-27 所示。

<<<<<

步骤 02 按 Ctrl+T 组合键，调出裁剪控制框，效果如图 7-28 所示。

图 7-27 移动素材

图 7-28 自由变换

步骤 03 执行上述操作后，按住 Shift 键，拖动鼠标，等比缩放素材，效果如图 7-29 所示。

步骤 04 执行上述操作后，按 Ctrl+Enter 组合键确认操作，效果如图 7-30 所示。

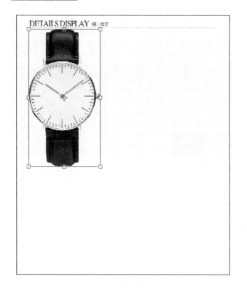

图 7-29 等比缩放

图 7-30 确认操作

7.2.3 腕表店铺素材合成处理

下面主要介绍运用矩形选框工具和移动工具，制作出商品图像的素材合成效果。

步骤 01 在工具箱中选取矩形选框工具，选中素材图像上需要裁剪的部分，按 Delete 键进行删除，效果如图 7-31 所示。

步骤 **02** 重复移动操作，将 7.2.1(e) 和 7.2.1(d) 素材图像移动至 7.2.1(b) 编辑窗口中，并调整图像的大小和位置，效果如图 7-32 所示。

图 7-31　裁剪后的效果

图 7-32　确认操作

步骤 **03** 切换至 7.2.1(f) 图像编辑窗口，在工具箱中选取移动工具，将鼠标移动至素材图像上，按住鼠标左键，并拖动素材图像至 7.2.1(b) 图像编辑窗口中，效果如图 7-33 所示。

步骤 **04** 切换至 7.2.1(a) 图像编辑窗口，在工具箱中选取移动工具，将鼠标移动至素材图像上，按住鼠标左键，并拖动素材图像至 7.2.1(b) 图像编辑窗口中，完成最终效果，效果如图 7-34 所示。

图 7-33　移动素材

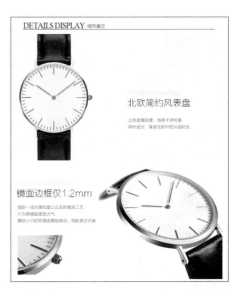

图 7-34　最终效果

7.3 女装合成：女装店铺合成效果设计

单件商品的销售往往难以吸引消费者，创新搭配推荐，日渐成为一种热门的营销技巧。因此，在制作女装店铺的合成效果时，可以适当地注重搭配的应用。下面为读者介绍具体的操作方法。

素材文件	素 材 \ 第 7 章 7.3.1(a).jpg、7.3.1(a).psd、7.3.1(b).jpg、7.3.1(c).jpg、7.3.1(d).jpg、7.3.1(e).jpg、7.3.1(f).jpg
效果文件	效果 \ 第 7 章 \7.3.1.psd、7.3.1.jpg
视频文件	视频 \ 第 7 章 \7.3.1 女装背景内容优化效果 .mp4、7.3.2 女装搭配主体处理效果 .mp4、7.3.3 女装元素搭配制作效果 .mp4

7.3.1 女装背景内容优化效果

女装可以是消耗品，也是可以是奢侈品。下面介绍运用文字工具来制作女装背景内容优化的效果。

步骤 **01** 按 Ctrl+O 组合键，打开商品图像素材，如图 7-35 所示。

步骤 **02** 在工具箱中选取横排文字工具，在"字符"面板中设置字体为"微软雅黑"、大小为 30 点、"颜色"为白色，如图 7-36 所示。

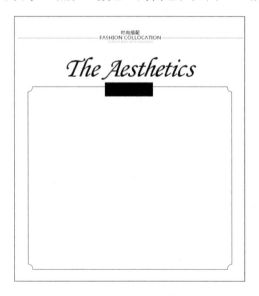

图 7-35 打开素材

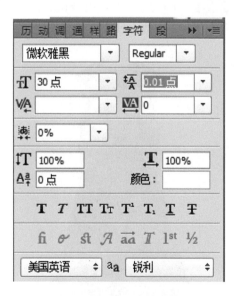

图 7-36 设置字体属性

步骤 **03** 将鼠标移动至图像编辑窗口中的合适位置，单击鼠标左键，并输入"中国风"文字，如图 7-37 所示。

步骤 **04** 按 Ctrl+Enter 组合键确认输入，并调整文字位置，效果如图 7-38 所示。

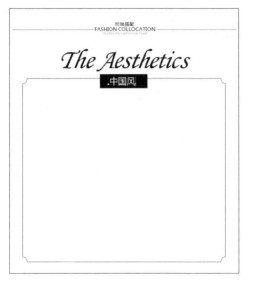

图 7-37　输入文字

图 7-38　确认输入

7.3.2　女装搭配主体处理效果

下面介绍运用魔棒工具来制作女装搭配主体物的效果处理。

步骤 01　按 Ctrl+O 组合键，打开 7.3.1(a) 素材图像，如图 7-39 所示。

步骤 02　按 Ctrl+J 组合键新建"图层 1"图层，并隐藏"背景"图层，如图 7-40 所示。

图 7-39　打开素材

图 7-40　隐藏背景图层

步骤 03　选取工具箱中的魔棒工具，默认设置"容差"为 32，如图 7-41 所示。

步骤 04　在图像空白区域单击鼠标左键，选中白色背景，按 Delete 键删除背景，按 Ctrl+D 组合键，取消选区，效果如图 7-42 所示。

<<<<<

图 7-41　设置工具栏属性

图 7-42　删除背景并取消选区

7.3.3　女装元素搭配制作效果

下面介绍运用魔棒工具以及移动工具来制作女装元素搭配的效果制作。

步骤 01 　选取工具箱中的移动工具，把 7.3.1(a) 素材图像拖曳至 7.3.1(f) 图像编辑窗口中，如图 7-43 所示。

步骤 02 　按 Ctrl+T 组合键，调出变换控制框，效果如图 7-44 所示。

图 7-43　拖曳素材图像

图 7-44　调出裁剪框

步骤 03 　执行上述操作后，按住 Shift 键，拖动鼠标，等比缩放素材，效果如图 7-45 所示。

步骤 04 　执行上述操作后，按 Ctrl+Enter 组合键确认操作，效果如图 7-46 所示。

图 7-45 等比缩放

图 7-46 确认操作

步骤 05 重复步骤 (01) ～ (04) 的操作，将 7.3.1(c)、7.3.1(d)、7.3.1(e)、7.3.1(a) 和 7.3.1(b) 素材图像移动至 7.3.1(f) 图像编辑窗口中，按 Ctrl+T 组合键，调整各个素材的位置，按 Enter 键确认，最终效果如图 7-47 所示。

图 7-47 最终效果

7.4 手机合成：手机促销合成效果设计

网店卖家有时为了吸引买家消费，经常会推出一些手机特惠活动。

下面以手机为例介绍手机类商品图片的合成处理。

素材文件	素材 \ 第 7 章 \7.4.1(a).jpg、\7.4.1(b)jpg、\7.4.1(c)jpg\7.4.1(d)psd
效果文件	效果 \ 第 7 章 \7.4.1.psd、7.4.1.jpg
视频文件	视频 \ 第 7 章 \7.4.1　手机界面背景处理效果 .mp4、7.4.2　手机促销元素处理效果 .mp4、7.4.3　手机促销文字制作效果 .mp4

7.4.1　手机界面背景处理效果

下面介绍运用矩形工具、蒙版工具来处理手机界面促销背景效果。

步骤 01　按 Ctrl+O 组合键，打开多个商品图像素材，如图 7-48 所示。

步骤 02　切换至 7.4.1(a) 图像编辑窗口，如图 7-49 所示。

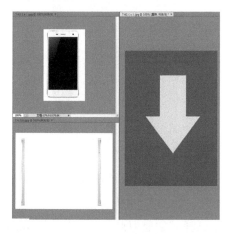

图 7-48　打开素材

图 7-49　切换编辑窗口

步骤 03　在工具箱中选取矩形工具，在图像编辑窗口中的合适位置创建矩形形状，如图 7-50 所示。

步骤 04　在"图层"面板底部单击"添加图层蒙版"图标，即可创建图层蒙版，如图 7-51 所示。

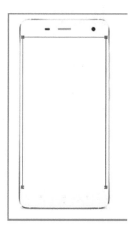

图 7-50　创建矩形形状

图 7-51　创建蒙版

7.4.2　手机促销元素处理效果

下面介绍运用移动工具、剪贴蒙版工具来处理手机促销背景效果。

步骤 01 切换至 7.4.1(c) 图像编辑窗口，按 Ctrl+A 组合键全选图像，如图 7-52 所示。

步骤 02 选取工具箱中的移动工具，将素材图像移动至 7.4.1(a) 图像编辑窗口中，如图 7-53 所示。

图 7-52　全选图像

图 7-53　移动素材

步骤 03 在"图层"面板中选择"图层 1"图层，如图 7-54 所示。

步骤 04 单击鼠标右键，在弹出的快捷菜单中选择"创建剪贴蒙版"命令，如图 7-55 所示。

图 7-54　选中图层

图 7-55　选择"创建剪贴蒙版"命令

步骤 05 按 Ctrl+T 组合键，适当调整图像大小并移动图像至合适位置，如图 7-56 所示。

步骤 06 执行上述操作后，按 Enter 键确认操作，如图 7-57 所示。

图 7-56　调整图像

图 7-57　确认调整效果

7.4.3　手机促销文字制作效果

下面介绍运用横排文字工具、剪贴蒙版工具制作手机促销文字合成效果。

步骤 01　在"图层"面板中选择"图层 1"图层，如图 7-58 所示。

步骤 02　选取工具箱中的直排文字工具，在工具属性栏中设置字体属性，字体为"微软雅黑"，大小为 16 点，"颜色"为红色 (RGB 参数分别为 255、47、0)，激活仿粗体图标，如图 7-59 所示。

图 7-58　选择图层

图 7-59　设置文字属性

步骤 03 在图像编辑窗口中单击鼠标左键并输入文字"大减价",如图 7-60 所示。

步骤 04 按 Ctrl+Enter 组合键确认输入,并移动文字至合适位置,效果如图 7-61 所示。

图 7-60 输入文字   图 7-61 确认输入

步骤 05 在当前窗口,全选图层,选取工具箱中的移动工具,将当前所有图层移动至 7.4.1(b) 图像编辑窗口,按 Ctrl+T 组合键,适当调整图像大小并移动图像至合适位置,如图 7-62 所示。

步骤 06 打开 7.4.1(d) 素材,将其添加到当前编辑窗口中,得到最终效果,如图 7-63 所示。

图 7-62 移动并调整图层   图 7-63 最终效果

第8章

特效处理：
淘宝天猫广告图片特效设计

学习提示

"佛靠金装，人靠衣装"，一幅精美的图像同样需要一个合适的特效。在 Photoshop 中，图像的各种展示效果就是通过各种不同的形式，呈现出各种不同的视觉效果。数码摄影时代的来临已经势不可当，而数码相机的普及为摄影者累积素材提供了更加快捷的方法。比如，添加特效除了能让照片更加出彩外，还可以表达出一种艺术情感。本章详细介绍淘宝广告图片特效的设计。

本章重点导航

◎ 广告商品图片复古特效
◎ 广告商品图片冷蓝特效
◎ 广告商品图片冷绿特效
◎ 广告商品图片暖黄特效

◎ 广告商品图片怀旧特效
◎ 广告商品图片拍立得特效
◎ 广告商品幻灯片展示特效
◎ 广告商品单张立体空间展示特效

8.1 特效入门：制作广告商品图片简单特效设计

在淘宝天猫购物平台上经常会看到一些商业宣传广告。本节为读者讲解制作广告商品图片特效的简单方法。

8.1.1 广告商品图片复古特效

复古特效是一种后现代复古色调，应用了该特效的商品图像会显得非常神秘，能够很好地烘托画面氛围，让商品图像富有复古情调。

素材文件	素材 \ 第 8 章 \8.1.1.jpg
效果文件	效果 \ 第 8 章 \8.1.1.psd、8.1.1.jpg
视频文件	视频 \ 第 8 章 \8.1.1　广告商品图片复古特效 .mp4

步骤 **01**　在菜单栏中选择"文件"｜"打开"命令，打开一幅素材图像，如图 8-1 所示。

步骤 **02**　新建"图层 1"图层，设置前景色为深蓝色 (RGB 参数值分别为 1、23、51)，并填充前景色，如图 8-2 所示。

图 8-1　打开素材

图 8-2　填充前景色

步骤 **03**　设置"图层 1"图层的混合模式为"排除"模式，如图 8-3 所示。

步骤 **04**　新建"图层 2"图层，设置前景色为浅蓝色 (RGB 参数值分别为 211、245、253)，填充前景色，如图 8-4 所示。

图 8-3　设置混合模式

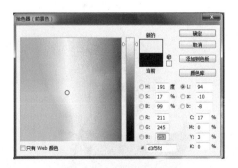

图 8-4　设置前景色

<<<<<

步骤 05 设置"图层2"图层的混合模式为"颜色加深"模式,预览图像,如图8-5所示。

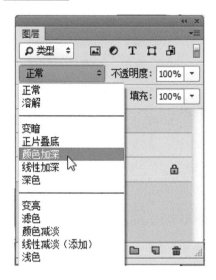

图 8-5 预览效果

步骤 06 新建"图层3"图层,如图8-6所示。

步骤 07 设置前景色为褐色(RGB参数值分别为154、119、59),如图8-7所示。

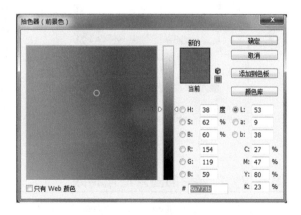

图 8-6 新建图层   图 8-7 设置前景色

步骤 08 填充前景色,设置"图层3"图层的混合模式为"柔光"模式,预览图像,如图8-8所示。

步骤 09 新建"色阶1"调整图层,展开"属性"面板,设置"输入色阶"依次为0、0.92、239,如图8-9所示。

步骤 10 执行上述操作后,即可完成复古特效的制作,效果如图8-10所示。

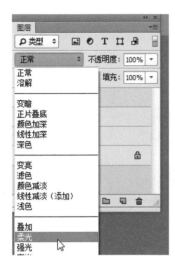 

图 8-8　柔光效果

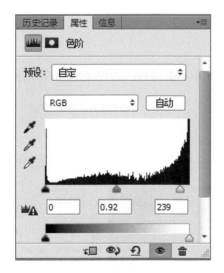

图 8-9　设置色阶参数

图 8-10　最终效果

8.1.2　广告商品图片冷蓝特效

　　冷蓝特效是处理淘宝商品图像时常用的一种特效，具有很强的代表性。通过调出图像的冷蓝色调，增强商品图像高贵冷傲的气质和氛围。

素材文件	素材 \ 第 8 章 \8.1.2.jpg
效果文件	效果 \ 第 8 章 \8.1.2.psd、8.1.2.jpg
视频文件	视频 \ 第 8 章 \8.1.2　广告商品图片冷蓝特效 .mp4

　　步骤 01　在菜单栏中选择"文件"|"打开"命令，打开一幅素材图像，如图 8-11 所示。

　　步骤 02　在菜单栏中选择"图层"|"新建填充图层"|"纯色"命令，如图 8-12 所示。

图 8-11　打开素材

图 8-12　选择"纯色"命令

步骤 03 弹出"新建图层"对话框，单击"确定"按钮，新建"颜色填充 1"图层，如图 8-13 所示。

步骤 04 弹出"拾色器（纯色）"对话框，设置颜色为蓝色 (RGB 参数值分别为 68、139、237)，单击"确定"按钮，如图 8-14 所示。

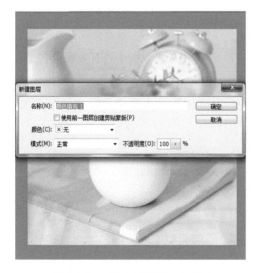

图 8-13　"新建图层"对话框

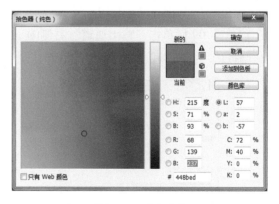

图 8-14　设置参数

步骤 05 设置"颜色填充 1"调整图层的混合模式为"柔光"模式，预览图像效果，如图 8-15 所示。

步骤 06 新建"通道混合器 1"调整图层，如图 8-16 所示。

步骤 07 展开"属性"面板，设置"红色"为 100%，如图 8-17 所示。

图 8-15　柔光效果

图 8-16　新建图层

图 8-17　设置参数

步骤 08　单击"输出通道"右侧的下拉按钮，在弹出的列表框中选择"绿"选项，设置"绿色"为 100%，如图 8-18 所示。

步骤 09　单击"输出通道"右侧的下拉按钮，在弹出的列表框中选择"蓝"选项，设置"蓝色"为 107%，如图 8-19 所示。

图 8-18　设置参数

图 8-19　设置参数

步骤 10 执行操作后，即可调整图像色调，完成冷蓝特效的制作，效果如图 8-20 所示。

图 8-20 最终效果

8.1.3 广告商品图片冷绿特效

冷绿特效也是处理淘宝商品图像时常用的一种色调。绿色给人以清新舒爽的感觉。通过调出商品图像的冷绿色调，可以增强图像的清新感。

素材文件	素材 \ 第 8 章 \8.1.3.jpg
效果文件	效果 \ 第 8 章 \8.1.3.psd、8.1.3.jpg
视频文件	视频 \ 第 8 章 \8.1.3 广告商品图片冷绿特效 .mp4

步骤 01 在菜单栏中选择"文件" |"打开"命令，打开一幅素材图像，如图 8-21 所示。

步骤 02 在菜单栏中选择"图层" |"新建填充图层" |"纯色"命令，如图 8-22 所示。

图 8-21 打开素材

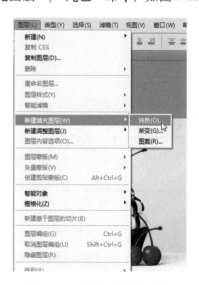

图 8-22 选择"纯色"命令

步骤 03 新建"颜色填充1"调整图层,弹出"拾色器(纯色)"对话框,设置颜色为绿色(RGB参数值分别为0、142、47),如图8-23所示。

步骤 04 单击"确定"按钮,设置"颜色填充1"调整图层的混合模式为"柔光"模式,如图8-24所示。

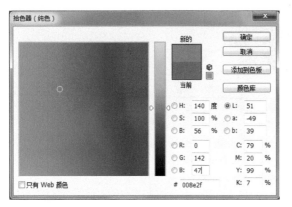

图 8-23 设置参数

图 8-24 柔光效果

步骤 05 新建"通道混合器1"调整图层,展开"属性"面板,设置"红色"为100%,如图8-25所示。

步骤 06 单击"输出通道"右侧的下拉按钮,在弹出的列表框中选择"蓝"选项,设置"蓝色"为100%,如图8-26所示。

图 8-25 设置参数

图 8-26 设置参数

步骤 07 单击"输出通道"右侧的下拉按钮,在弹出的列表框中选择"绿"选项,设置"绿色"为107%,执行操作后,即可调整图像色调,完成冷绿特效的制作,如图8-27所示。

图 8-27   设置参数并完成特效制作

8.1.4   广告商品图片暖黄特效

　　普通的色调会使商品图像的表现效果比较平淡，而图像调整为暖黄色调，可以使图像看上去更温馨、强烈、别具风采。

素材文件	素材 \ 第 8 章 \8.1.4.jpg
效果文件	效果 \ 第 8 章 \8.1.4.psd、8.1.4.jpg
视频文件	视频 \ 第 8 章 \8.1.4　广告商品图片暖黄特效 .mp4

步骤 01   在菜单栏中选择"文件"|"打开"命令，打开一幅素材图像，如图 8-28 所示。

步骤 02   在菜单栏中选择"图层"|"新建填充图层"|"渐变"命令，如图 8-29 所示。

图 8-28   打开素材

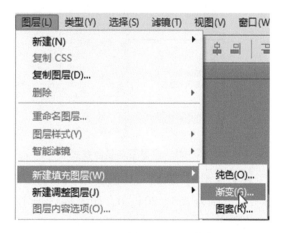

图 8-29   选择"渐变"命令

步骤 03 新建"渐变填充1"调整图层,弹出"渐变编辑器"对话框,点击"点按可编辑渐变"色块,选择"铜色渐变",并设置各选项参数,如图8-30所示。

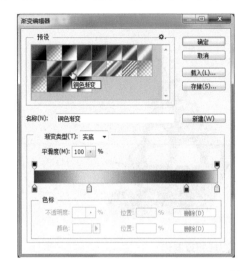

图8-30 选择渐变并设置参数

步骤 04 单击"确定"按钮,设置"渐变填充1"调整图层的混合模式为"叠加"模式,如图8-31所示。

步骤 05 执行上述操作后,设置图层"不透明度"为30%,如图8-32所示。

图8-31 设置图层混合模式　　　　图8-32 设置图层不透明度

步骤 06 新建"颜色填充1"调整图层,弹出"拾色器(纯色)"对话框,设置RGB参数值分别为255、204、0,如图8-33所示。

步骤 07 单击"确定"按钮,设置"颜色填充1"调整图层的混合模式为"柔光"模式、"不透明度"为20%,即可调整图像的色调,完成暖黄特效的制作,效果如图8-34所示。

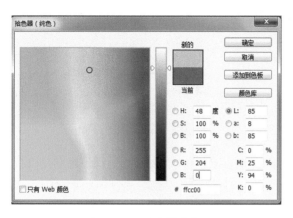

图 8-33　设置填充色

图 8-34　暖黄特效

8.1.5　广告商品图片怀旧特效

怀旧特效是淘宝商品图像调色比较常用的一种特效。它通过调亮画面并增强画面色调倾向，借助温暖华丽的画面色调烘托人物气质，即可让图像中主体人物的个性特质更加突出，从而增强照片典雅华贵的魅力。

素材文件	素材 \ 第 8 章 \8.1.5.jpg
效果文件	效果 \ 第 8 章 \8.1.5.psd、8.1.5.jpg
视频文件	视频 \ 第 8 章 \8.1.5　广告商品图片怀旧特效 .mp4

步骤 01　在菜单栏中选择"文件"｜"打开"命令，打开一幅素材图像，如图 8-35 所示。

步骤 02　新建"渐变映射 1"调整图层，展开"属性"面板，设置"点按可编辑渐变"为黑白渐变，如图 8-36 所示。

图 8-35　打开素材

图 8-36　设置为黑白渐变

步骤 03　新建"照片滤镜 1"调整图层，如图 8-37 所示。

步骤 04 选中"保留明度"复选框,设置"滤镜"为"加温滤镜 (85)"、"浓度"为 51%,如图 8-38 所示。

图 8-37 新建图层　　　　　　　　　　　图 8-38 设置参数

步骤 05 新建"曲线 1"调整图层,展开"属性"面板,如图 8-39 所示。

步骤 06 设置左下方第 1 个点"输入"和"输出"值分别为 79、58,设置右上方第 2 个点"输入"和"输出"值分别为 174、214,执行上述操作后,即可完成怀旧特效的制作,如图 8-40 所示。

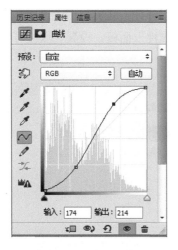

图 8-39 设置参数　　　　　　　　　　　图 8-40 怀旧特效

8.2 特效升级:打造广告商品图片复杂特效设计

在广告商品图片的处理手法中,有一些方法能得到更为特殊的效果。接下来为读者讲述商品图片特效处理的高级手法。

8.2.1　广告商品图片拍立得特效

拍立得照片特效可以在相纸上显现拍摄影像，四边的白框还可以涂鸦写字，不少人还特地用这种相机来记录人生，与一般冲洗的无边框相片比较起来是别有一番风趣。

素材文件	素材 \ 第 8 章 \8.2.1.jpg
效果文件	效果 \ 第 8 章 \8.2.1.psd、8.2.1jpg
视频文件	视频 \ 第 8 章 \8.2.1　广告商品图片拍立得特效 .mp4

步骤 **01**　在菜单栏中选择"文件"｜"打开"命令，打开一幅素材图像，如图 8-41 所示。

步骤 **02**　双击"背景"图层，弹出"新建图层"对话框，单击"确定"按钮，得到"图层 0"图层，如图 8-42 所示。

图 8-41　打开素材　　　　　　　　　　　　图 8-42　新建图层

步骤 **03**　按 Ctrl+T 组合键，调出变换控制框，在工具属性栏中设置"旋转"为 90 度，按 Enter 键，确认变换操作，如图 8-43 所示。

步骤 **04**　在菜单栏中选择"图像"｜"显示全部"命令，全部显示图像，如图 8-44 所示。

图 8-43　确认变换操作　　　　　　　　　　图 8-44　显示全部

步骤 05 在菜单栏中选择"图像" | "图像大小"命令，弹出"图像大小"对话框，设置"宽度"为 1200 像素，如图 8-45 所示。

步骤 06 单击"确定"按钮，按 Ctrl+T 组合键，调出变换控制框，在工具属性栏中设置"旋转"为 –90 度，按 Enter 键，确认图像变换操作，如图 8-46 所示。

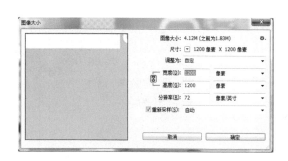

图 8-45 设置参数

图 8-46 确认变换

步骤 07 在菜单栏中选择"图像" | "裁切"命令，弹出"裁切"对话框，选中"透明像素"单选按钮，单击"确定"按钮，裁切图像，如图 8-47 所示。

步骤 08 在菜单栏中选择"图像" | "画布大小"命令，弹出"画布大小"对话框，选中"相对"复选框，设置"高度"为 50%、"定位"为"垂直、顶"，如图 8-48 所示。

图 8-47 裁切图像

图 8-48 确认变换

步骤 09 单击"确定"按钮，调整画布大小，新建"图层 1"图层，设置前景色为白色，并填充前景色，调整"图层 1"至"图层 0"图层下方，如图 8-49 所示。

步骤 10 双击"图层 0"图层，弹出"图层样式"对话框，选中"描边"复选框，设置"大小"为 3 像素、"位置"为"内部"、"填充类型"为"颜色"、设置填充颜色为黑色，如图 8-50 所示。

图 8-49 新建图层

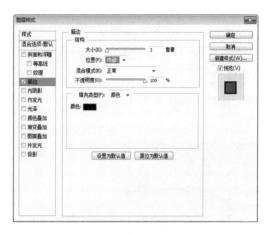

图 8-50 设置参数

步骤 11 单击"确定"按钮，拖曳鼠标至"图层 0"图层的右侧，单击鼠标右键，在弹出的快捷菜单中，选择"拷贝图层样式"命令，如图 8-51 所示。

步骤 12 选择"图层 1"图层，在其右侧单击鼠标右键，在弹出的快捷菜单中，选择"粘贴图层样式"命令，执行操作后，调整"图层 0"图层图像的大小和位置，最终完成拍立得照片特效的制作，如图 8-52 所示。

图 8-51 选择"拷贝图层样式"命令

图 8-52 最终效果

8.2.2 广告商品幻灯片展示特效

幻灯片的切换效果可以更好地展示图像。幻灯片观看图像也就是在全屏模式下，观看图像效果，这样能够最大视觉观看图像的细节。

素材文件	素材 \ 第 8 章 \8.2.2.jpg
效果文件	效果 \ 第 8 章 \8.2.2.psd、8.2.2jpg
视频文件	视频 \ 第 8 章 \8.2.2　广告商品幻灯片展示特效 .mp4

步骤 01　在菜单栏中选择"文件"｜"打开"命令，打开一幅素材图像，如图 8-53 所示。

步骤 02　双击"背景"图层，弹出"新建图层"对话框，单击"确定"按钮，得到"图层 0"图层，如图 8-54 所示。

图 8-53　打开素材　　　　　　　　　　　　图 8-54　新建图层

步骤 03　在菜单栏中选择"图像"｜"图像大小"命令，弹出"图像大小"对话框，设置"高度"为 768 像素，单击"确定"按钮，调整图像大小，如图 8-55 所示。

步骤 04　在菜单栏中选择"图像"｜"画布大小"命令，弹出"画布大小"对话框，设置"宽度"为 2 像素，如图 8-56 所示。

图 8-55　设置参数　　　　　　　　　　　　图 8-56　设置参数

步骤 05 单击"确定"按钮，即可调整画布大小，新建"图层 1"图层，设置前景色为黑色，如图 8-57 所示。

步骤 06 为图层 1 填充黑色，并调整"图层 1"至"图层 0"图层下方，如图 8-58 所示。

图 8-57 新建图层 　　　　　　　　　图 8-58 填充颜色并调整图层位置

步骤 07 执行上述操作后，打开"图层"面板，选中"图层 0"图层，如图 8-59 所示。

步骤 08 按 Ctrl+T 组合键，调出变换控制框，适当调整图像大小，即可完成幻灯片展示效果的制作，如图 8-60 所示。

图 8-59 选择图层 　　　　　　　　　　图 8-60 最终效果

8.2.3 广告商品单张立体空间展示特效

单张照片的立体空间展示就是利用照片的投影效果，衬托图像的立体空间感。它能够唯美地展示照片，达到具有视觉冲击的展示效果。

素材文件	素材 \ 第 8 章 \8.2.3.jpg
效果文件	效果 \ 第 8 章 \8.2.3.psd、8.2.3jpg
视频文件	视频 \ 第 8 章 \8.2.3 广告商品单张立体空间展示特效 .mp4

步骤 01 在菜单栏中选择"文件"|"打开"命令，打开一幅素材图像，如图 8-61 所示。

步骤 02 双击"背景"图层，弹出"新建图层"对话框，保持默认设置，单击"确定"按钮，得到"图层 0"图层，如图 8-62 所示。

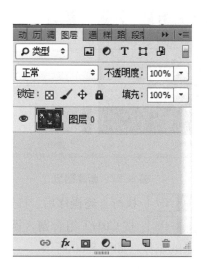

图 8-61　打开素材　　　　　　　　　　图 8-62　新建图层

步骤 03 在菜单栏中选择"图像"|"画布大小"命令，弹出"画布大小"对话框，选中"相对"复选框，设置"高度"为 50%、"宽度"为 10%、"定位"为"垂直、顶"，单击"确定"按钮，即可调整画布大小，如图 8-63 所示。

步骤 04 复制"图层 0"图层，得到"图层 0 拷贝"图层，如图 8-64 所示。

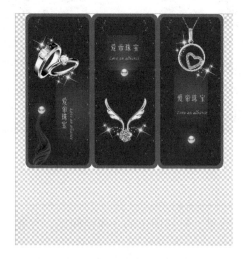

图 8-63　调整画布大小

图 8-64　复制图层

步骤 05 按Ctrl+T组合键，调出变换控制框，设置中心点的位置为底边居中，如图8-65所示。

步骤 06 单击鼠标右键，在弹出的快捷菜单中选择"垂直翻转"命令，即可垂直翻转图像，按 Enter 键，确认图像的变换操作，如图 8-66 所示。

图 8-65　设置中心点

图 8-66　确认操作

步骤 07 双击"图层0拷贝"图层，弹出"图层样式"对话框，选中"描边"复选框，设置"大小"为20像素、"位置"为"内部"、"混合模式"为"正常"、"不透明度"为100%、"填充类型"为"颜色"、"颜色"为白色，单击"确定"按钮，即可应用图层样式，如图8-67所示。

步骤 08 在"图层0拷贝"图层上单击鼠标右键，在弹出的快捷菜单中选择"拷贝图层样式"命令，如图8-68所示。

图 8-67　设置图层样式

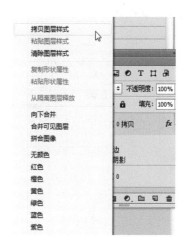

图 8-68　选择"拷贝图层样式"命令

步骤 09 选择并在"图层0"图层上，单击鼠标右键，在弹出的快捷菜单中选择"粘贴图层样式"命令，设置"不透明度"为100%，如图8-69所示。

步骤 10 新建"图层1"图层，设置前景色为白色，并填充前景色，调整"图层1"至"图层0"图层的下方，如图8-70所示。

图 8-69　粘贴图层样式

图 8-70　新建图层

步骤 11 双击"图层1"图层，弹出"图层样式"对话框，选中"渐变叠加"复选框，单击"渐变"右侧的"点按可编辑渐变"按钮，弹出"渐变编辑器"对话框，在渐变色条上添加5个色标(各色标RGB参数值分别为208、208、208；31、31、31；0、0、0；190、190、190；129、129、129)，单击"确定"按钮，设置各选项参数，单击"确定"按钮，即可应用图层样式，如图8-71所示。

步骤 12 新建"色相/饱和度1"调整图层，展开"属性"面板，选中"着色"复选框，设置"色相"为107、"饱和度"为50，即可调整图像色调，完成单张照片的立体空间展示的制作，如图8-72所示。

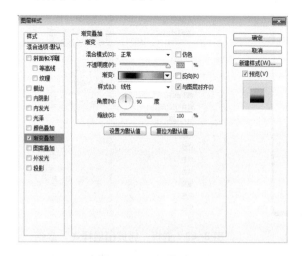

图 8-71　设置图层样式

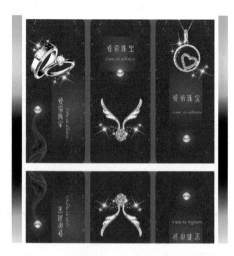

图 8-72　最终效果

第 **9** 章

重要元素：
网店装修三大区域设计

学习提示

　　广告海报、公告栏以及店铺收藏区是网店设计的重要元素区域，提升这些基础部分的设计美观度可以让网店的整体效果更上一层楼。

　　本章主要向读者介绍网店基础元素区域的设计，主要包括广告海报、公告栏以及店铺收藏区。

本章重点导航

◎ 网络广告海报设计要素分析
◎ 女鞋网店广告海报设计方案
◎ 网店公告栏的设计样式分析

◎ 店铺公告栏设计方案详解
◎ 网店收藏区的区域设计分析
◎ 网店收藏区设计方案详解

9.1 广告海报区：店铺亮点吸引顾客眼球

网络广告的传播不受时间和空间的限制。互联网将广告信息 24 小时不间断地传播到世界各地。只要具备上网条件，任何人在任何地点都可以看到这些信息，这是其他广告媒体无法实现的。因此，网店的广告海报设计是店铺营销过程中非常重要的一环。

9.1.1 网络广告海报设计要素分析

网络广告 (Web Ad) 是一种新兴的广告形式。网络广告是确定的广告主以付费方式运用互联网媒体对公众进行劝说的一种信息传播活动。简而言之，网络广告是指利用国际互联网这种载体，通过图文或多媒体方式，发布的营利性商业广告，是在网络上发布的有偿信息传播。如图 9-1 所示，为淘宝网店的网络广告。

图 9-1　淘宝网络广告

网络广告是主要的网络营销方法之一，在网络营销方法体系中具有举足轻重的地位。网络广告的本质是向互联网用户传递营销信息的一种手段，是对用户注意力资源的合理利用。互联网是一个全新的广告媒体，速度最快，效果很理想，是中小企业扩展壮大的很好途径，对广泛开展国际业务的公司来说更是如此。如图 9-2 所示，为酒的网络广告。

图 9-2　菊花酒网络广告

<<<<<

网络广告优势与电视、报刊、广播三大传统媒体或各类户外媒体、杂志、直邮、黄页相比，网络媒体集以上各种媒体之大成，具有得天独厚的优势。随着网络的高速发展及完善，它日渐融入现代工作和生活。对现代营销来说，网络媒体是重要的媒体战略组成部分。

网店中的广告海报设计的技术要点如下。

- 店内海报设计：店内海报通常应用于营业店面内，做店内装饰和宣传用途，如图 9-3 所示。

店内海报的设计需要考虑到店内的整体风格、色调及营业的内容，力求与环境相融

图 9-3 天猫店铺的广告海报

- 招商海报设计：招商海报通常以商业宣传为目的，采用引人注目的视觉效果达到宣传某种商品或服务的目的，如图 9-4 所示。

招商海报的设计应明确其商业主题，同时在文案的应用上要注意突出重点，不宜太花哨

图 9-4 招商海报

9.1.2 女鞋网店广告海报设计方案

本案例是为女鞋网店设计的店内广告海报，将女鞋图片与宣传文案自然地融合在一起，通过错落的排版方式和对比色彩有效地将视觉集中到画面中心的文字区域上，从而通过文字将信息传递给顾客。接下来就其设计和制作进行具体讲解。

素材文件	素材 \ 第 9 章 \9.1(a).jpg、9.1(b).jpg、9.1(c).psd、9.1(d).psd
效果文件	效果 \ 第 9 章 \9.1.psd、9.1.jpg
视频文件	视频 \ 第 9 章 \9.1.2　女鞋网店广告海报设计方案 .mp4

步骤 01 按 Ctrl+N 组合键，弹出"新建"对话框，设置"名称"为 9.1、"宽度"为 1225 像素、"高度"为 768 像素、"分辨率"为 72 像素 / 英寸、"颜色模式"为"RGB 颜色"、"背景内容"为"白色"，如图 9-5 所示。

步骤 02 单击"确定"按钮，新建一个空白图像，如图 9-6 所示。

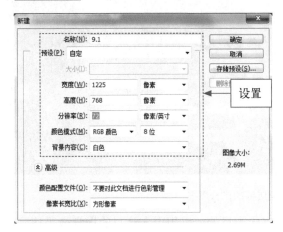

图 9-5　新建图像文件

图 9-6　新建空白图像

步骤 03 按 Ctrl+O 组合键，打开 9.1(a) 素材图像，如图 9-7 所示。

步骤 04 按 Ctrl+J 组合键，拷贝一个新图层，并隐藏"背景"图层，如图 9-8 所示。

图 9-7　打开素材图像

图 9-8　拷贝一个新图层

步骤 05 在工具箱中，选取移动工具，将 9.1(a) 的图像拖曳至 9.1 图像的编辑窗口中，调整素材图像的位置，即可完成背景效果制作，效果如图 9-9 所示。

步骤 06 按 Ctrl+O 组合键，打开一幅商品素材图像，如图 9-10 所示。

图 9-9　移动素材图像

图 9-10　打开素材图像

步骤 07 按 Ctrl+J 组合键，拷贝一个新图层，并隐藏"背景"图层，在工具属性栏中设置"容差"为 6，在图像的白色区域单击鼠标左键，即可创建选区，如图 9-11 所示。

步骤 08 按 Delete 键，删除选区内的部分，并取消选区，如图 9-12 所示。

创建

图 9-11　创建选区

删除

图 9-12　删除选区

专家指点

　　网店商品的广告海报一定要注重制作的美观度。这在很大程度上决定了是否能有效地吸引买家的注意力。好看的商品广告海报会让买家忍不住想点进去一看究竟。这能够很好地拉动店铺的流量，促进网店成交。

步骤 **09** 在工具箱中，选取移动工具，将9.1(b)的图像拖曳至9.1图像的编辑窗口中，如图9-13所示。

步骤 **10** 按Ctrl+T组合键，调出变换控制框，调整图像的大小和位置，按Enter键确认调整，如图9-14所示。

图9-13 移动素材图像

图9-14 调整图像的大小和位置

步骤 **11** 在工具箱中，选取横排文字工具，设置字体为"锐字锐线梦想黑简1.0"、字体大小为16点、字距调整为–31、"颜色"为玫红色(RGB参数值分别为215、50、180)，如图9-15所示。

步骤 **12** 输入文字"只限今日"，按Ctrl+Enter组合键确认输入，切换至移动工具，根据需要适当地调整文字的位置，效果如图9-16所示。

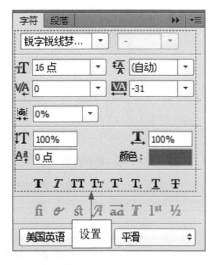

图9-15 设置参数

图9-16 输入并调整文字

步骤 13 新建一个图层，切换至横排文字工具，设置字体为"方正大标宋简体"、字体大小为 72 点、"颜色"为玫红色 (RGB 参数值分别为 215、50、180)、字距调整为 -218，单击"仿粗体"图标，如图 9-17 所示。

步骤 14 输入文字"188"，按 Ctrl+Enter 组合键确认输入，切换至移动工具，根据需要适当地调整文字的位置，效果如图 9-18 所示。

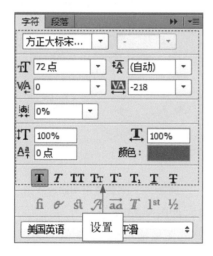

图 9-17 设置参数

图 9-18 输入并调整文字

步骤 15 双击"188"文字图层，弹出"图层样式"对话框，选中"描边"复选框，设置"描边颜色"为白色，大小为 3 像素，单击"确定"按钮即可完成对文字的设置，如图 9-19 所示。

步骤 16 按 Ctrl+O 组合键，打开一幅素材图像，如图 9-20 所示。

图 9-19 设置文字效果

图 9-20 打开素材图像

步骤 17 在工具箱中，选取移动工具，将 9.1(c) 的图像拖曳至 9.1 图像的编辑窗口中，如图 9-21 所示。

步骤 18 按 Ctrl+T 组合键，调整 9.1(c) 素材图像的位置，效果如图 9-22 所示。

图 9-21 移动素材图像　　　　　　　　　图 9-22 调整素材图像位置

步骤 19 按 Ctrl+O 组合键，打开一幅素材图像，如图 9-23 所示。

步骤 20 在工具箱中，选取移动工具，将 9.1(d) 的图像拖曳至 9.1 图像的编辑窗口中，如图 9-24 所示。

图 9-23 打开素材图像　　　　　　　　　图 9-24 移动素材图像

步骤 21 调整 9.1(d) 素材图像的位置，效果如图 9-25 所示。

步骤 22 在工具箱中，选取椭圆工具，如图 9-26 所示。

步骤 23 在工具属性栏中，设置"填充"为粉红色 (RGB 参数值分别为 224、118、151)，如图 9-27 所示。

步骤 24 在背景的合适位置，绘制一个圆形，如图 9-28 所示。

步骤 25 在工具箱中，选取横排文字工具，如图 9-29 所示。

步骤 26 设置字体为"幼圆"、字体大小为 24 点、行距为 28 点、字距调整为 -89、"颜色"为白色,单击"仿粗体"图标,如图 9-30 所示。

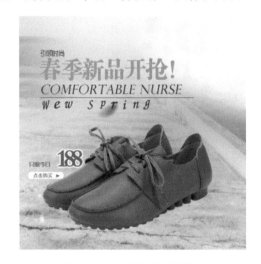

图 9-25 调整素材图像位置

图 9-26 选取椭圆工具

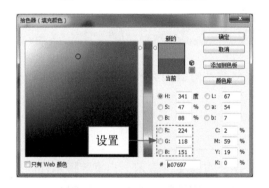

图 9-27 设置"填充"颜色

图 9-28 绘制圆形

图 9-29 选取横排文字工具

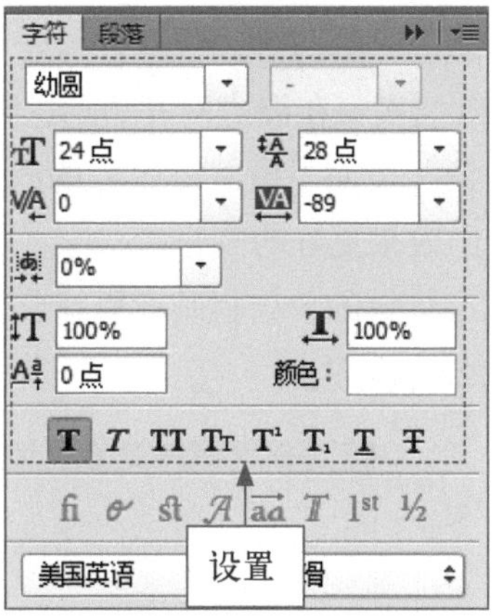

图 9-30 设置参数

步骤 27 输入文字"限时优惠",按 Ctrl+Enter 组合键确认输入,切换至移动工具,根据需要适当地调整文字的位置,按 Ctrl+T 组合键,对文字进行旋转,最终效果如图 9-31 所示。

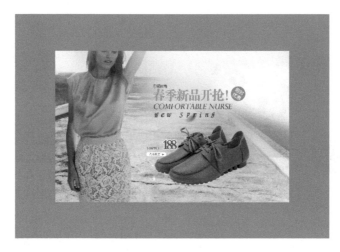

图 9-31 最终效果

9.2 公告栏区:淘宝天猫网店信息展示平台

公告栏是发布店铺最新信息、促销信息或店铺经营范围等内容的区域。通过公告栏发布内容,可以方便顾客了解店铺的重要信息。

9.2.1 网店公告栏的设计样式分析

公告栏是指放置在人流量较大的地方,用于张贴公布公文、告示、启事等提示性内容的展示用品。在网店的装修设计中,店铺公告是准客户了解店铺的一个窗口,同时也是店铺的一个宣传窗口。通过店铺公告,你可以让顾客迅速地了解你,同时可以通过店铺公告宣传你的店铺产品,一举两得。所以,写好店铺公告对一个店铺而言就显得很重要。

例如,当卖家在淘宝网开店后,淘宝网已经为店铺提供了公告栏的功能,卖家可以在"管理我的店铺"页面中设置公告栏的内容。卖家在制作公告栏前,需要了解并注意一些事项,以便制作出效果更好的公告栏。

● 淘宝店铺的公告栏具有默认样式,如图 9-32 所示。卖家只能在默认样式的公告栏上添加公告内容。

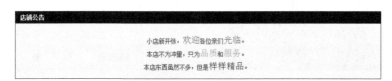

图 9-32 公告栏

● 由于店铺已经存在默认的公告栏样式，而且这个样式无法更改，因此卖家在制作公告栏时，可以将默认的公告栏效果作为参考，使公告的内容效果与之搭配。

● 淘宝基本店铺的公告栏默认设置了滚动效果，在制作时无须再为公告内容添加滚动设置。

● 公告栏内容的宽度不要超过 480 像素，超过部分将无法显示，而公告栏的高度可以随意设置。如果公告栏的内容为图片，那么需要指定图片在互联网中的位置。

其实，店铺公告怎么写，不同的写法有不同的优势，难断优劣。最好的办法就是根据自己的实际情况如实地填写，这样容易令访客产生信任感。当然，所写的公告也不能太过离谱，至少不能够出现文不对题、逻辑不清之类的情况。

9.2.2　店铺公告栏设计方案详解

本案例讲述怎样设计美观的公告栏，先使用 Photoshop CC 设计公告栏的图片。要以图片作为公告栏的内容，就需要将图片上传到互联网上，产生一个对应的地址。卖家可以利用该地址将图片指定为公告栏内容，即可将图片插入到公告栏内。

素材文件	素材 \ 第 9 章 \9.2(a)jpg、9.2(b).psd
效果文件	效果 \ 第 9 章 \9.2.psd、9.2.jpg
视频文件	视频 \ 第 9 章 \9.22　店铺公告栏设计方案详解 .mp4

步骤 01　按 Ctrl+O 组合键，打开 9.2 素材图像，如图 9-33 所示。

步骤 02　在工具箱中选取圆角矩形工具，如图 9-34 所示。

图 9-33　打开素材图像

图 9-34　选取圆角矩形工具

步骤 03　在圆角矩形工具属性栏中设置"填充"为白色 (RGB 参数值分别为 255)，如图 9-35 所示。

步骤 04　在圆角矩形工具属性栏中设置"描边"为玫红色 (RGB 参数值分别为 195、54、93)，如图 9-36 所示。

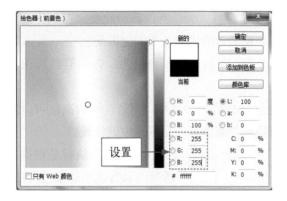

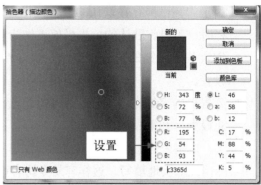

图 9-35　设置填充颜色 　　　　　　　　　图 9-36　设置描边颜色

步骤 **05** 在圆角矩形工具属性栏中继续设置形状描边宽度为 0.17 点，如图 9-37 所示。

步骤 **06** 在图像编辑窗口中单击鼠标左键，在弹出的对话框中设置"宽度"为 400 像素、"高度"为 260 像素、"半径"为 5 像素，单击"确定"按钮，创建圆角矩形，并调整其位置，效果如图 9-38 所示。

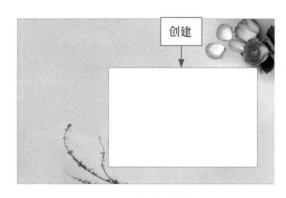

图 9-37　设置参数 　　　　　　　　　　　图 9-38　创建圆角矩形

步骤 **07** 新建一个图层，在工具箱中选取矩形工具，在工具属性栏中设置"填充"为粉红色 (RGB 参数值分别为 249、204、207)、"描边"为无、宽度为 350 像素、高度为 240 像素，如图 9-39 所示。

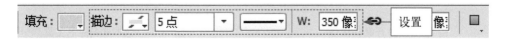

图 9-39　设置参数

步骤 **08** 在圆角矩形内的合适位置单击鼠标左键创建一个矩形形状，并调整其位置，效果如图 9-40 所示。

步骤 **09** 在工具箱中，选取横排文字工具，如图 9-41 所示。

<<<<

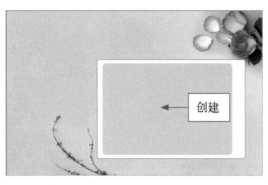

图 9-40　创建矩形形状　　　　　　　　　图 9-41　选取横排文字工具

步骤 10　设置字体为"锐字锐线梦想黑简 1.0"、字体大小为 12 点、"颜色"为棕色 (RGB 参数值分别为 116、62、24)，如图 9-42 所示。

图 9-42　设置参数

步骤 11　输入相应文字，按 Ctrl+Enter 组合键确认输入，根据需要适当地调整文字的位置，效果如图 9-43 所示。

步骤 12　双击文字图层，弹出"图层样式"对话框，选中"描边"复选框，设置"大小"为 5 像素、"颜色"为白色，单击"确定"按钮，如图 9-44 所示。

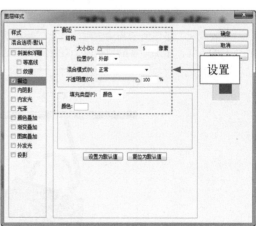

图 9-43　输入文字　　　　　　　　　　　图 9-44　设置描边

步骤 13 按 Ctrl+O 组合键，打开 9.2(a).psd 素材图像，选取移动工具，将 9.2(a).psd 素材图像拖曳至图像编辑窗口中的合适位置，最终效果如图 9-45 所示。

图 9-45 最终效果

9.3 店铺收藏区：帮网店抓住回头客

在网店中，收藏区是装修设计的一部分。添加收藏区可以提醒顾客对店铺进行及时的收藏，以便下次再在此购物，可以增加顾客的回头率。

9.3.1 网店收藏区的区域设计分析

网店的收藏区通常显示在首页中，很多网店平台都提供了固定区域，都会用统一的按钮或者图标对店铺收藏进行提醒，如图 9-46 所示。

> 收藏区：下图所示为淘宝网店首页"收藏店铺"的置顶显示效果，但是商家为了提升店铺的人气，增加顾客的回头率，往往还会在店铺的其他位置设计和添加收藏区

图 9-46 网店的收藏区

通过网店中的收藏功能，顾客可以将自己感兴趣的店铺或商品添加到收藏夹中，以便再次访问时可以轻松地找到相应的商品，如图 9-47 所示。

图 9-47　店铺收藏页面与宝贝收藏页面

在网店的装修设计中，收藏区可以存在店铺首页或者详情页面的多个位置，例如，将收藏区设计到店招和网店首页的右侧效果，如图 9-48 所示。

图 9-48　灵活的店铺收藏区

店铺收藏的设计较为灵活，它可以直接设计在网店的店招中，也可以单独显示在首页的某个区域。

网店的收藏区通常是内容较为单一的文字和广告语。当然，也有商家为了吸引顾客的注意力，将一些宝贝图片、素材图片、Flash 动画等添加到其中，达到推销商品和提高收藏量的目的，如图 9-49 所示。

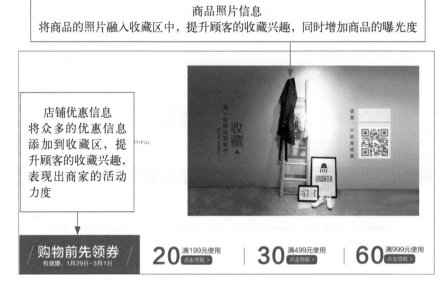

图 9-49　内容丰富的店铺收藏区

网店的收藏区通常都是采用 JPG 格式的静态图片来进行表现。但也可以使用 GIF 格式的动态图片，这种闪烁的图片效果可以使其更容易引起顾客的注意力，提高店铺的收藏数量，如图 9-50 所示。

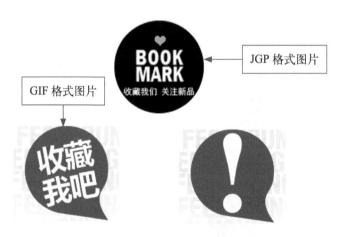

图 9-50　JPG 格式的静态图片与 GIF 格式的动态图片

9.3.2　网店收藏区设计方案详解

　　每一个商品页面都有一个收藏链接，而每个店铺都有店铺的收藏链接。做一个精美的图片，再配上收藏链接，这样可以大大提高收藏量，还可以提高店铺整体层次。

<<<<<

下面介绍收藏区的设计与制作方法。

素材文件	素材 \ 第 9 章 \9.3(a).psd
效果文件	效果 \ 第 9 章 \9.3.psd、9.3.jpg
视频文件	视频 \ 第 9 章 \9.3.2 网店收藏区设计方案详解 .mp4

步骤 01 按 Ctrl+N 组合键，弹出"新建"对话框，设置"名称"为 9.3、"宽度"为 200 像素、"高度"为 150 像素、"分辨率"为 300 像素 / 英寸、"颜色模式"为"RGB 颜色"、"背景内容"为"白色"，如图 9-51 所示。

步骤 02 单击"确定"按钮，新建一个空白图像，如图 9-52 所示。

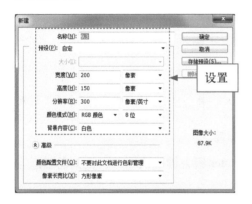

图 9-51 设置参数

图 9-52 新建空白图像

步骤 03 单击"前景色"按钮，设置前景色为红色 (RGB 参数值分别为 248、40、78)，如图 9-53 所示。

步骤 04 单击"背景色"按钮，设置背景色为深红色 (RGB 参数值分别为 188、1、14)，如图 9-54 所示。

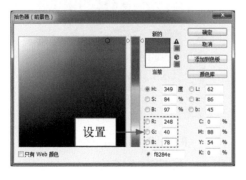

图 9-53 设置前景色

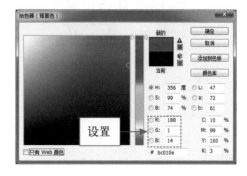

图 9-54 设置背景色

步骤 05 选取工具箱中的渐变工具，单击"径向渐变"按钮，如图 9-55 所示。

步骤 06 将鼠标指针移至图像中间，按住并向上拖曳鼠标左键，即可填充渐变色，效果如图 9-56 所示。

图 9-55　单击"径向渐变"按钮　　　　　　　图 9-56　填充渐变色

步骤 07　选取工具箱中的横排文字工具，设置字体为"方正大标宋简体"、字体大小为 10 点、颜色为白色，如图 9-57 所示。

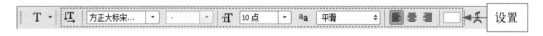

图 9-57　设置参数

步骤 08　输入文字"收藏店铺"，按 Ctrl+Enter 组合键确认输入，根据需要适当地调整文字的位置，效果如图 9-58 所示。

步骤 09　用与上相同的方法，设置字体为 Times New Roman、字体大小为 4 点、颜色为白色，输入文字 BOOK MARK，按 Ctrl+Enter 组合键确认输入，根据需要适当地调整文字的位置，效果如图 9-59 所示。

图 9-58　输入并调整文字　　　　　　　　图 9-59　输入并调整文字

步骤 10　按 Ctrl+O 组合键，打开 9.3(a) 素材图像，如图 9-60 所示。

步骤 11　选取工具箱中的移动工具，将 9.3(a) 素材图像移动至 9.3 图像编辑窗口中的合适位置，效果如图 9-61 所示。

步骤 12　双击"装饰"图层，弹出"图层样式"对话框，选中"投影"复选框，设置"距离"为 1 像素、"大小"为 5 像素，单击"确定"按钮，如图 9-62 所示。

<<<<<

步骤 13 选取工具箱中的圆角矩形工具，在工具属性栏中设置"半径"为20像素，在图像编辑窗口中绘制一个圆角矩形形状，如图9-63所示。

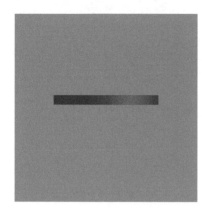

图9-60 打开素材图像

图9-61 移动并调整素材

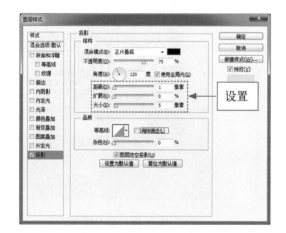

图9-62 添加"投影"图层样式

图9-63 绘制圆角矩形形状

步骤 14 双击"圆角矩形1"图层，弹出"图层样式"对话框，选中"渐变叠加"复选框，单击"点按可编辑渐变"色块，如图9-64所示。

步骤 15 弹出"渐变编辑器"对话框，设置渐变色为黄色(RGB参数值分别为233、177、66)到浅黄色(RGB参数值分别为255、240、215)，如图9-65所示。

步骤 16 单击"确定"按钮返回"图层样式"对话框，选中"投影"复选框，设置"不透明度"为30%、"距离"为5像素，如图9-66所示。

步骤 17 单击"确定"按钮，应用图层样式，效果如图9-67所示。

步骤 18 在工具箱中选取横排文字工具，设置字体为"黑体"、字体大小为4.5点、颜色为深红色(RGB参数值分别为153、51、51)，如图9-68所示。

步骤 19 输入文字"点击收藏"，按Ctrl+Enter组合键确认输入，根据需要适当地调整文字的位置，最终效果如图9-69所示。

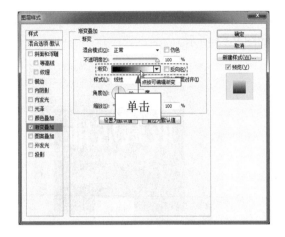

图 9-64　单击"点按可编辑渐变"色块

图 9-65　设置渐变色

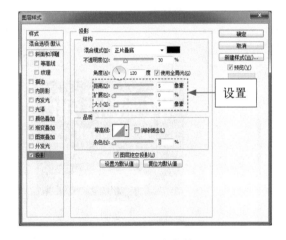

图 9-66　设置参数

图 9-67　应用图层样式

图 9-68　设置参数

图 9-69　最终效果

第10章 网店招牌：解密旺铺完美店招设计

学习提示

店招是店铺品牌展示的窗口，是买家对于店铺第一印象的主要来源。鲜明而有特色的店招对于网店店铺形成品牌和产品定位具有不可替代的作用。本章详细介绍不同产品类型的旺铺店招设计与制作方法。

本章重点导航

◎ 店招的意义
◎ 店招设计的要求
◎ 珠宝网店店招设计

◎ 家具网店店招设计
◎ 眼镜网店店招设计

10.1　招牌设计：网店店招设计详解

　　顾客需要掌握的店铺品牌信息最直接的来源就是店招，其次才是店铺装修的整体视觉。对品牌商品而言，店招可以让顾客进来第一眼就知道经营的品牌信息，而不用再去其他页面或者模块中寻找。本节为读者讲述店招的设计意义与要求。

10.1.1　店招的意义

　　店招位于网店首页的最顶端，它的作用与实体店铺的店招相同，是大部分顾客最先了解和接触到的信息。店招是店铺的标志，大部分都是由产品图片、宣传语言、店铺名称等组成。漂亮的店招与签名可以吸引顾客进入店铺。

10.1.2　店招设计的要求

　　店招，顾名思义，就是网店的店铺招牌。从网店商品的品牌推广来看，想要在整个网店中让店招变得便于记忆，在店招的设计上需要具备新颖、易于传播等特点，如图 10-1 所示。

图 10-1　网店的店招

　　一个好的店招设计，除了给人传达明确信息外，还在方寸之间表现出深刻的精神内涵和艺术感染力，给人以静谧、柔和、饱满、和谐的感觉。要做到这些，在设计店招时需要遵循一定的设计原则和要求。通常要求有标准的颜色和字体、清洁的设计版面，还需要有一句能够吸引消费者的广告语。画面还需要具备强烈的视觉冲击力，清晰地告诉顾客你在卖什么。通过店招也可以对店铺的装修风格进行定位。

<<<<<

1. 选择合适的店招图片素材

店招图片的素材通常可以从网上或者素材光盘上收集。通过搜索网站输入关键字可以很快找到很多相关的图片素材，也可以登录设计资源网站，找到更多精美、专业的图片。下载图片素材时，要选择尺寸大的、清晰度好的、没有版权问题的且适合自己店铺的图片。

2. 突出店铺的独特性质

店招是用来表达店铺的独特性质的，要让顾客认清店铺的独特品质、风格和情感，要特别注意避免与其他网站的 Logo 雷同。因此，店招在设计上需要讲究个性化，让店招与众不同、别出心裁。如图 10-2 所示，为个性的店招设计。

图 10-2　个性的店招设计

3. 让自己的店招过目不忘

设计一个好的店招应从颜色、图案、字体、动画等几个方面入手。在符合店铺类型的基础上，使用醒目的颜色、独特的图案、精心的字体，以及强烈的动画效果来给人留下深刻的印象，如图 10-3 所示。

图 10-3　强烈的动画效果

10.2　招牌设计：店招设计实战

本节将为读者讲述店招的具体设计与制作方法。

10.2.1　珠宝网店店招设计

在店招中添加自己的品牌形象、标志和店铺名称，可以给买家留下对店铺的第一印象。

下面以珠宝为例介绍店招的设计与制作。

素材文件	素材 \ 第 10 章 \10.2.1(a).jpg\10.2.1(b).psd\10.2.1(c). psd
效果文件	效果 \ 第 10 章 \10.2.1.jpg\10.2.1.psd
视频文件	视频 \ 第 10 章 \10.2.1　珠宝网店店招设计 .mp4

步骤 01 按 Ctrl+O 组合键，打开一幅素材图像，如图 10-4 所示。

图 10-4　打开素材

步骤 02 选取工具箱中的横排文字工具，在工具属性栏中设置字体为"黑体"、字体大小为 10 点、设置消除锯齿的方法为"浑厚"、颜色为黑色；将鼠标指针移动至图像编辑窗口中单击鼠标左键，并输入文字，按 Ctrl+Enter 组合键即可确认输入；选取工具箱中的移动工具，将文字移动至合适位置，如图 10-5 所示。

图 10-5　输入文字

步骤 03 按 Ctrl+O 组合键，打开两幅素材图像，选取工具箱中的移动工具，将素材图像依次移动至相应图像编辑窗口中，按 Ctrl+T 组合键调整图像大小和位置，按 Enter 键确认操作，完成珠宝网店店招的设计，如图 10-6 所示。

图 10-6　最终效果

10.2.2　家具网店店招设计

在店招中添加店铺主打产品或新品，可以让买家第一时间了解商品信息。下面以家具为例介绍店招的设计与制作。

素材文件	素材 \ 第 10 章 \10.2.2(a).jpg\10.2.2(b).psd
效果文件	效果 \ 第 10 章 \10.2.2.jpg\10.2.2.psd
视频文件	视频 \ 第 10 章 \10.2.2　家具网店店招设计 .mp4

<<<<<

步骤 01 按 Ctrl+O 组合键，打开一幅素材图像，如图 10-7 所示。

图 10-7 打开素材

步骤 02 选取工具箱中的横排文字工具，在工具属性栏中设置字体为 Impact、字体大小为 11 点、设置消除锯齿的方法为"浑厚"、颜色为灰色 (RGB 参数值均为 112)；将鼠标指针移动至图像编辑窗口中单击鼠标左键，并输入文字，按 Ctrl+Enter 组合键确认输入，如图 10-8 所示。

图 10-8 设置并输入文字

步骤 03 选中 LIKE 文字，在工具属性栏中设置颜色为橙色 (RGB 参数值分别为 255、177、42)，按 Ctrl+Enter 组合键确认输入，如图 10-9 所示。

图 10-9 设置个别文字颜色

步骤 04 新建"图层 1"图层，选取工具箱中的横排文字工具，在工具属性栏中设置字体为"黑体"、字体大小为 6 点、设置消除锯齿的方法为"浑厚"、颜色为灰色 (RGB 参数值均为 112)；将鼠标指针移动至图像编辑窗口中单击鼠标左键，并输入文字，按 Ctrl+Enter 组合键确认输入；选取工具箱中的移动工具，将文字移动至合适位置，如图 10-10 所示。

图 10-10 输入文字

步骤 05 按 Ctrl+O 组合键，打开 10.2.2(b) 素材图像，选取工具箱中的移动工具，将素材图像移动至相应图像编辑窗口中，按 Ctrl+T 组合键调整图像大小和位置，按 Enter 键确认操作，完成家具网店店招的设计，如图 10-11 所示。

图 10-11　最终效果

10.2.3　眼镜网店店招设计

在店招中添加产品的图片，结合产品进行定位，让买家一目了然。

下面以眼镜网店为例介绍店招的设计与制作。

素材文件	素材 \ 第 10 章 \10.2.3(a).jpg\10.2.3(b).psd\10.2.3(c).psd
效果文件	效果 \ 第 10 章 \10.2.3.jpg\10.2.3.psd
视频文件	视频 \ 第 10 章 \10.2.3　眼镜网店店招设计 .mp4

步骤 01　按 Ctrl+O 组合键，打开一幅素材图像，如图 10-12 所示。

图 10-12　打开素材

步骤 02　选取工具箱中的圆角矩形工具，在工具属性栏中设置"填充"为黑色、"半径"为 10 像素，移动鼠标指针至图像编辑窗口中，单击鼠标左键，即可弹出"创建圆角矩形"对话框，设置"宽度"为 187 像素、"高度"为 88 像素，单击"确定"按钮即可创建圆角矩形；选取工具箱中的移动工具，将圆角矩形移动至合适位置，如图 10-13 所示。

图 10-13　绘制圆角矩形

步骤 03　选取工具箱中的横排文字工具，在工具属性栏中设置字体为 Broadway BT、字体大小为 14 点、设置消除锯齿的方法为"浑厚"、颜色为白色；将鼠标指针移动至图像编辑窗口中的圆角矩形上单击鼠标左键，输入文字，按 Ctrl+Enter 组合键确认输入，选取工具箱中的移动工具，将文字移动至合适位置，如图 10-14 所示。

图 10-14　输入文字

步骤 04　按 Ctrl+O 组合键，打开 10.2.3(b) 素材图像，选取工具箱中的移动工具，将素材图像移动至相应图像编辑窗口中的合适位置，如图 10-15 所示。

图 10-15　素材合成

步骤 05　按 Ctrl+O 组合键，打开 10.2.3(c) 素材图像，选取工具箱中的移动工具，将素材图像移动至相应图像编辑窗口中，按 Ctrl+T 组合键调整图像大小和位置，按 Enter 键确认操作，完成眼镜网店店招的设计，如图 10-16 所示。

图 10-16　最终效果

第11章

网店导航：帮助网店顾客自主购物

学习提示

　　导航条可以方便买家从一个页面跳转到另一个页面，查看店铺的各类商品及信息。因此，有条理的导航条能够保证更多页面被访问，使店铺中更多的商品信息、活动信息被买家发现。尤其是买家从宝贝详情页进入到其他页面，如果缺乏导航条的指引，将极大地影响店铺转化率。本章详细介绍各类型网店导航的设计与制作方法。

本章重点导航

◎ 导航条的设计意义
◎ 导航条的设计分析
◎ 导航条的尺寸规格

◎ 导航条的色彩和字体风格分析
◎ 手机类店铺导航设计
◎ 护肤类店铺导航设计

智能手机旗舰店　　特价机型：1999　　分享宝贝　　推荐店铺　　收藏店铺 有礼

首页　　全部分类　　手机专区　　配件专区　　售后服务　　品牌故事　　微淘主页

美十分护肤品　精油生活·时尚潮流优雅　　渗透补水 恒久保湿 ¥89

所有宝贝　首页　镇店爆款　关于我们　芳香讲堂　绑定品牌会员　官方直营　收藏我们

11.1　导航设计：网店导航设计详解

店铺导航是为进店浏览的客户服务的。在网店页面的设计中，店铺导航的设计能够很大程度地分担客服的压力，而且好的店铺导航能够提高成单率。

11.1.1　导航条的设计意义

为了满足卖家放置各种类型的商品，网店微店都提供了"宝贝分类"功能。卖家可以针对自己店铺的商品建立对应的分类，这就是导航条。利用导航条，买家就可以快速找到买家想要浏览的页面。

11.1.2　导航条的设计分析

导航条是网店微店装修设计中不可缺少的部分。它是指通过一定的技术手段，为网店微店的访问者提供一定的途径，使其可以方便地访问到所需的内容，是人们浏览店铺时可以快速从一个页面转到另一个页面的快速通道。利用导航条，我们就可以快速找到想要浏览的页面。

导航条的目的是让网店微店的层次结构以一种有条理的方式清晰展示，并引导顾客毫不费力地找到并管理信息，让顾客在浏览店铺过程中不致迷失。因此，为了让网店微店的信息可以有效地传递给顾客，导航条一定要简洁、直观、明确。

11.1.3　导航条的尺寸规格

在设计网店微店导航条的过程中，各网店微店平台对于导航条的尺寸都有一定的限制。例如，淘宝网规定导航条的尺寸为950像素的宽度、50像素的高度，如图11-1所示。

图11-1　导航条的尺寸规格

由图 11-1 可以看到，这个尺寸的导航条空间十分有限，除了可以对颜色和文字内容进行更改之外，很难有更深层次的创作。但是随着网页编辑软件的逐渐普及，很多设计师都开始对网店微店首页的导航条倾注更多的心血，通过对首页整体进行切片来扩展首页的装修效果。

11.1.4　导航条的色彩和字体风格分析

在网店微店的导航条装修设计中，其次需要考虑的便是导航条的色彩和字体的风格。应该从整个首页装修的风格出发，定义导航条的色彩和字体，毕竟导航条的尺寸较小，使用太突兀的色彩会产生喧宾夺主的效果，如图 11-2 所示。

图 11-2　使用类似颜色进行色彩搭配的导航条

如图 11-2 所示，导航条使用类似颜色进行色彩搭配，突出导航内容的同时让整个画面的色彩得到统一，还运用红底的"所有分类"链接来增强导航的层次。

鉴于导航条的位置都是固定在店招下方的，因此只要力求和谐和统一，就能够创作出满意的效果。如图 11-3 所示的店铺导航条，它与整个店铺的风格一致。

图 11-3　店铺导航条与整个店铺的风格一致

由图 11-3 所示，导航条使用灰底白字进行合理的摆放，可提升导航的设计感，色彩的运用也与欢迎模块的配色保持了高度的一致。

另外，很多设计师还会挖空心思设计出更有创意的作品，从而提升店铺装修的品质感和视觉感，如图11-4所示。

图11-4　用较为独特的外形设计出来的导航条

11.2　导航设计：网店导航设计实战

店铺导航设计的重要性，从前面的讲述中可以了解一部分。接下来，为读者介绍网店导航设计的案例。

11.2.1　手机类店铺导航设计

在制作店铺导航时，可将"售后服务"链接添加到导航模块上，提高店铺可信度。下面以手机类为例详细介绍手机类店铺导航的制作方法。

素材文件	素材 \ 第 11 章 \11.2.1(a).jpg、11.2.1(b).psd
效果文件	效果 \ 第 11 章 \11.2.1.jpg\11.2.1.psd
视频文件	视频 \ 第 11 章 \11.2.1　手机类店铺导航设计 .mp4

步骤　01　按 Ctrl+O 组合键，打开一幅素材图像，如图 11-5 所示。

图 11-5　打开素材

步骤　02　新建"图层 1"图层，选取工具箱中的矩形选框工具，在图像编辑窗口中创建矩形选区，如图 11-6 所示。

步骤　03　设置前景色为灰色 (RGB 参数值均为 122)，如图 11-7 所示。

图 11-6　创建矩形选区

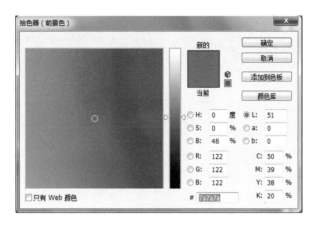

图 11-7　设置前景色

步骤 04　按Alt + Delete组合键填充前景色，按Ctrl+D组合键取消选区，如图11-8所示。

图 11-8　填充前景色并取消选区

步骤 05　按 Ctrl+O 组合键，打开 11.2.1(b) 素材图像，如图11-9所示。

图 11-9　打开素材

步骤 06　选取工具箱中的移动工具，将文字素材移动并调整至 11.2.1(a) 图像编辑窗口中的合适位置，如图11-10所示。

图 11-10　移动素材

步骤 07　新建"图层 2"图层，并移动图层至文字图层下方，选取工具箱中的矩形选框工具，在图像编辑窗口中创建矩形选区，如图11-11所示。

步骤 08　设置前景色为黄色 (RGB 参数值分别为 247、254、78)，如图11-12所示。

图 11-11 创建选区

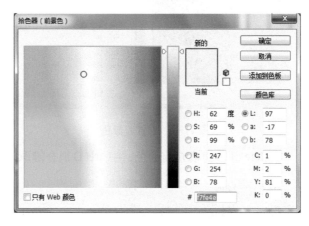

图 11-12 设置前景色

步骤 **09** 按 Alt + Delete 组合键填充前景色，按 Ctrl+D 组合键取消选区，完成手机类店铺导航的设计，如图 11-13 所示。

图 11-13 最终效果

11.2.2 护肤类店铺导航设计

店铺导航是买家快速跳转页面的快捷途径。通过导航的指引，可使买家快速浏览店铺商品信息。下面以护肤类为例详细介绍护肤类店铺导航的制作方法。

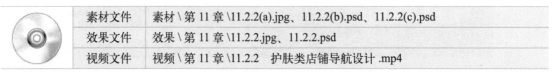

	素材文件	素材 \ 第 11 章 \11.2.2(a).jpg、11.2.2(b).psd、11.2.2(c).psd
	效果文件	效果 \ 第 11 章 \11.2.2.jpg、11.2.2.psd
	视频文件	视频 \ 第 11 章 \11.2.2 护肤类店铺导航设计 .mp4

步骤 **01** 按 Ctrl+O 组合键，打开一幅素材图像，如图 11-14 所示。

图 11-14 打开素材

步骤 02 新建“图层 1”图层，选取工具箱中的矩形选框工具，在图像编辑窗口中创建矩形选区，如图 11-15 所示。

美十分护肤品
精油生活·时尚潮流优雅
渗透补水
恒久保湿
¥89

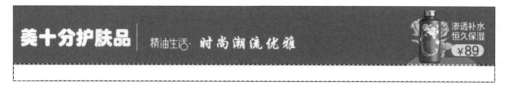

图 11-15 创建矩形选区

步骤 03 设置前景色为金色 (RGB 参数值分别为 252、225、84)，按 Alt + Delete 组合键填充前景色，按 Ctrl+D 组合键取消选区，如图 11-16 所示。

美十分护肤品
精油生活·时尚潮流优雅
渗透补水
恒久保湿
¥89

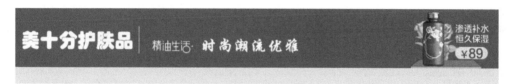

图 11-16 填充前景色

步骤 04 按 Ctrl+O 组合键，打开 11.2.1(b) 素材图像，如图 11-17 所示。

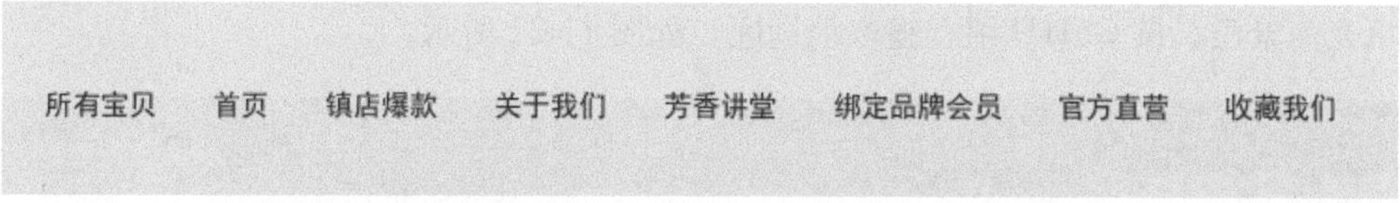
所有宝贝
首页
镇店爆款
关于我们
芳香讲堂
绑定品牌会员
官方直营
收藏我们

图 11-17 打开素材

步骤 05 选取工具箱中的移动工具，将文字素材图像移动并调整至相应图像编辑窗口中的合适位置，如图 11-18 所示。

美十分护肤品
精油生活·时尚潮流优雅
渗透补水
恒久保湿
¥89
所有宝贝
首页
镇店爆款
关于我们
芳香讲堂
绑定品牌会员
官方直营
收藏我们

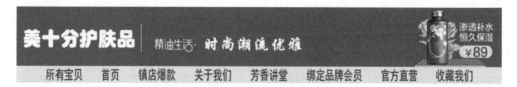

图 11-18 合成效果

步骤 06 按 Ctrl+O 组合键，打开 11.2.2(c) 素材图像，如图 11-19 所示。

图 11-19 打开素材

步骤 **07** 选取工具箱中的移动工具，将直线素材移动至 11.2.2(a) 图像编辑窗口中的合适位置，如图 11-20 所示。

图 11-20 合成素材

步骤 **08** 新建"图层 2"图层，并移动图层至文字图层下方，选取工具箱中的矩形选框工具，在图像编辑窗口中创建矩形选区，如图 11-21 所示。

图 11-21 创建矩形选区

步骤 **09** 设置前景色为深黄色 (RGB 参数值分别为 198、166、0)；按 Alt + Delete 组合键填充前景色，按 Ctrl+D 组合键取消选区，如图 11-22 所示。

图 11-22 填充前景色

步骤 **10** 选取工具箱中的自定形状工具，在工具属性栏中设置"填充"为白色、"形状"为"向下"；在图像编辑窗口中的合适位置绘制形状，完成护肤类店铺导航的设计，如图 11-23 所示。

图 11-23 最终效果

第12章

网店首页：打造深入人心的首页设计

学习提示

　　网店的首页欢迎模块是对店铺最新商品、促销活动等信息进行展示的区域，位于店铺导航条的下方，其设计面积比店招和导航条都要大，是顾客进入店铺首页中观察到的最醒目的区域。本章对首页的设计规范和技巧进行讲解分析。

本章重点导航

◎ 网店首页界面的设计要点　　　　◎ 网店首页界面的设计技巧
◎ 网店首页设计的前期筹备工作　　◎ 农产品网店首页设计
◎ 网店首页设计的注意事项　　　　◎ 女包网店首页设计

12.1 首页设计：网店首页设计详解

由于欢迎模块在店铺首页开启的时候占据了大面积的位置，如图 12-1 所示，因此其设计的空间也增大，需要传递的信息也更有讲究。如何找到产品卖点，设计创意，怎样让文字与产品结合，达到与店铺风格更好地融合，是设计首页需要考虑的一个关键问题。

图 12-1　首页欢迎模块

店铺首页的欢迎模块与店铺的店招不同的是，它会随着店铺的销售情况进行改变。当店铺迎合特定节日或者店庆等重要日子时，首页设计会以相关的活动信息为主；当店铺最近添加了新的商品时，首页设计内容则以"新品上架"为主要的内容；当店铺有较大的变动时，首页还可以充当公告栏的作用，向顾客告知相关的信息。

店铺首页的欢迎模块根据其内容的不同，设计的侧重点也是不同的。例如，以新品上架为主题的欢迎模块，其画面主要表现新上架的商品，其设计风格也应当与新品的风格和特点保持一致，这样才能让设计的画面完整地传达出店家所要表达的意图。

12.1.1　网店首页界面的设计要点

在设计首页欢迎模块之前，必须明确设计的主要内容和主题，根据设计的主题来寻找合适的创意和表现方式。设计之前应当思考这个欢迎模块画面设计的目的，如何让顾客轻松地接受，即了解顾客最容易接受的方式是什么。最后还要对同行业、同类型的欢迎模块的设计进行研究，得出结论后才开始着手首页欢迎模块的设计和制作。这样创作出来的作品才更加容易被市场和顾客所认可。

12.1.2　网店首页设计的前期筹备工作

总结首页欢迎模块设计的前期准备，通过图示进行表现，如图 12-2 所示。

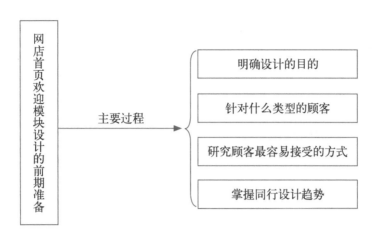

图12-2　网店首页欢迎模块设计的前期准备

12.1.3　网店首页设计的注意事项

在进行首页欢迎模块的页面设计时，要将文案梳理清晰，要知道自己所表达内容的中心，主题是什么，用于衬托的文字又是哪些。主题文字尽量最大化，让它占整个文字布局画面；可以考虑用英文来衬托主题；背景和主体元素要相呼应，体现出平衡和整合；最好有疏密、粗细、大小的变化，在变化中追求平衡，并体现出层次感。这样做出来的首页整体效果就令人感到比较舒服。如图12-3所示，是一个经营核桃等坚果的网店首页欢迎模块。

图12-3　首页欢迎模块

在设计首页的欢迎模块时，需要注意一些什么因素呢？

一般以图片为主，文案为辅。表达的内容精练，抓住主要诉求点，内容不可过多。主题字体醒目、正规大气，字体可以考虑使用英文衬托。充分的视觉冲击力，可以通过图像和色彩来实现。

人类天然具有好奇的本能，这类标题专在这点上着力，一下子把读者的注意力抓住，让他们在寻求答案的过程中不自觉地产生兴趣。譬如，有这样一则眼镜广告，其标题是："救救你的灵魂"，初听之时令人莫名其妙；正文接着便说出一句人所共知的名言："眼睛是心灵的窗户。"救眼睛便是救心灵，妙在文案人员省去了这个中介，于是就获得了一种特殊效果。

12.1.4　网店首页界面的设计技巧

一张优秀的首页欢迎模块页面设计，通常都具备了3个元素，那就是合理的背景、优秀的文案和醒目的产品信息，如图 12-4 所示。如果设计的欢迎模块的画面看上去不满意，一定是这 3 个方面出了问题。常见的有背景亮度太高或太复杂，如用蓝天、白云、草地做背景，很可能会减弱文案及产品主题的体现。如图 12-4 所示的欢迎模块的背景色彩和谐而统一，让整个首页看上去简洁、大气。

背景

商品

文字

图 12-4　背景色彩和谐统一

12.2　首页设计：网店首页设计实战

网店首页设计在网店装修设计中占据重要的位置。在网店页面浏览中，首页界面是占据浏览者第一视觉的重要位置。接下来为读者讲解网店首页设计的制作流程。

12.2.1　农产品网店首页设计

本案例是为农产品网店设计的首页欢迎模块，在画面的配色中借鉴商品的色彩，并通过大小和外形不同的文字来表现店铺的主题内容，使用同一色系的颜色来提升画面的品质，让设计的整体效果更加协调统一。

下面为读者介绍农产品网店首页欢迎模块的设计。

素材文件	素材 \ 第 12 章 \12.2.1(a).jpg
效果文件	效果 \ 第 12 章 \12.2.1.jpg\12.2.1.psd
视频文件	视频 \ 第 12 章 \12.2.1　农产品网店首页设计 .mp4

步骤 **01**　在菜单栏中选择"文件"|"新建"命令，弹出"新建"对话框，设置"名称"为"12.2.1"、"宽度"为 700 像素、"高度"为 350 像素、"颜色模式"为"RGB 颜色"、"背景内容"为"白色"，单击"确定"按钮，新建一个空白图像，如图 12-5 所示。

步骤 **02**　单击工具箱底部的前景色色块，弹出"拾色器 (前景色)"对话框，设置 RGB 参数值分别为 220、255、115，单击"确定"按钮，如图 12-6 所示。

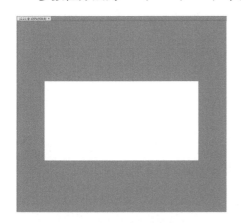

图 12-5　新建空白图像　　　　　　　　　　图 12-6　设置前景色

步骤 **03**　在菜单栏中选择"编辑"|"填充"命令，弹出"填充"对话框，设置"使用"为"前景色"，单击"确定"按钮，即可填充颜色，如图 12-7 所示。

步骤 **04**　在菜单栏中选择"文件"|"打开"命令，打开一幅商品素材图像，选取工具箱中的魔棒工具，执行上述操作后，在工具属性栏中设置"容差"为 32，在图像上的白色区域单击创建不规则选区，如图 12-8 所示。

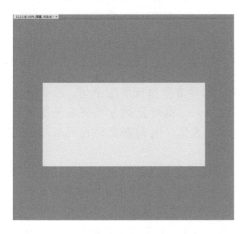

图 12-7　填充前景色　　　　　　　　　　图 12-8　创建选区

步骤 05 单击工具属性栏中的"添加到选区"按钮，在图像中的相应位置单击鼠标左键，添加白色选区，如图 12-9 所示。

步骤 06 在菜单栏中选择"选择"|"反向"命令，反选选区，如图 12-10 所示。

图 12-9　添加选区　　　　　　　　　　　图 12-10　反选选区

步骤 07 在菜单栏中选择"选择"|"修改"|"羽化"命令，弹出"羽化选区"对话框，设置"羽化半径"为 5 像素，单击"确定"按钮，即可羽化选区，如图 12-11 所示。

步骤 08 按 Ctrl+C 组合键，复制选区内的图像，切换至"12.2.1"图像编辑窗口，按 Ctrl+V 组合键粘贴图像，并适当调整图像的大小和位置，如图 12-12 所示。

图 12-11　羽化选区　　　　　　　　　　图 12-12　合成素材

💬 **专家指点**

　　在 Photoshop 里，羽化是针对选区的一项编辑，初学者很难理解这个词。羽化是通过建立选区和选区周围像素之间的转换边界来模糊边缘的，这种模糊方式将丢失选区边缘的一些图像细节。羽化原理是令选区内外衔接的部分虚化，起到渐变的作用从而达到自然衔接的效果。

　　在设计作图中的使用很广泛，一般来说，是一个抽象的概念，但是只要经过实际操作就能理解了。实际运用过程中具体的羽化值完全取决于经验。所以掌握这个常用工具的关键是经常练习。羽化值越大，虚化范围越宽，也就是说颜色递变得越柔和。羽化值越小，虚化范围越窄。可根据实际情况进行调节，把羽化值设置小一点，反复羽化是羽化的一个技巧。

步骤 9 选取工具箱中的横排文字工具，输入文字"绿色农场"，展开"字符"面板，设置字体系列为"华康海报体"、字体大小为 42 点、"颜色"为绿色 (RGB 参数为 110、160、0)、所选字符的字距调整为 100，激活仿粗体图标，根据需要适当地调整文字的位置，如图 12-13 所示。

步骤 10 展开"图层"面板，选择"图层 1"图层，单击底部的"创建新图层"按钮，新建"图层 2"图层，如图 12-14 所示。

图 12-13 设置文字属性   图 12-14 新建图层

步骤 11 选取工具箱中的椭圆工具，设置"选择工具模式"为"像素"，设置"前景色"为黄色 (RGB 参数值分别为 255、255、0)，在文字下方绘制一个合适大小的正圆形。复制所绘制的正圆形，并适当调整其位置，如图 12-15 所示。

步骤 12 选取工具箱中的横排文字工具，输入文字"梦想发源地"，展开"字符"面板，设置字体系列为"方正大标宋简体"、字体大小为 40 点、"颜色"为橙色 (RGB 参数值分别为 255、120、0)、所选字符的字距调整为 0，激活仿粗体图标，根据需要适当地调整文字的位置，如图 12-16 所示。

图 12-15 绘制圆形   图 12-16 设置文字属性

步骤 13 选取工具箱中的横排文字工具，输入文字"绿色果蔬，健康饮食"，展开"字符"面板，设置字体系列为"幼圆"、字体大小为 30 点、"颜色"为橙色 (RGB 参数值分别为 255、120、0)、所选字符的字距调整为 0，激活仿粗体图标，根据需要适当地调整文字的位置，完成效果制作，如图 12-17 所示。

图 12-17　最终效果

12.2.2　女包网店首页设计

　　本案例是为女包网店设计的首页欢迎模块，在画面的配色中借鉴商品的色彩，并通过大小和外形不同的文字来表现店铺的主题内容，使用同一色系的颜色来提升画面的品质，让设计的整体效果更加协调统一。

　　下面详细介绍女包网店首页的制作方法。

素材文件	素材 \ 第 12 章 \12.2.2.jpg
效果文件	效果 \ 第 12 章 \12.2.2.jpg\11.2.2.psd
视频文件	视频 \ 第 12 章 \12.2.2　女包网店首页设计 .mp4

　步骤　01　在菜单栏中选择"文件"|"新建"命令，弹出"新建"对话框，设置"名称"为"12.2.2"、"宽度"为 800 像素、"高度"为 500 像素、"颜色模式"为"RGB 颜色"、"背景内容"为"白色"，单击"确定"按钮，新建一个空白图像，如图 12-18 所示。

　步骤　02　在菜单栏中选择"图层"|"新建填充图层"|"渐变"命令，弹出"新建图层"对话框，保持默认设置，单击"确定"按钮，如图 12-19 所示。

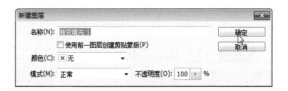

图 12-18　新建空白图像　　　　　　　　　图 12-19　"新建图层"对话框

步骤 03 弹出"渐变填充"对话框，单击"点按可编辑渐变"色块，弹出"渐变编辑器"对话框，单击第一个色标，如图 12-20 所示。

步骤 04 弹出"拾色器（色标颜色）"对话框，设置 RGB 参数值分别为 222、173、166，单击"确定"按钮保存设置；用同样的方法设置第二个色标颜色的 RGB 参数值分别为 220、201、203，如图 12-21 所示。

图 12-20 设置填充颜色

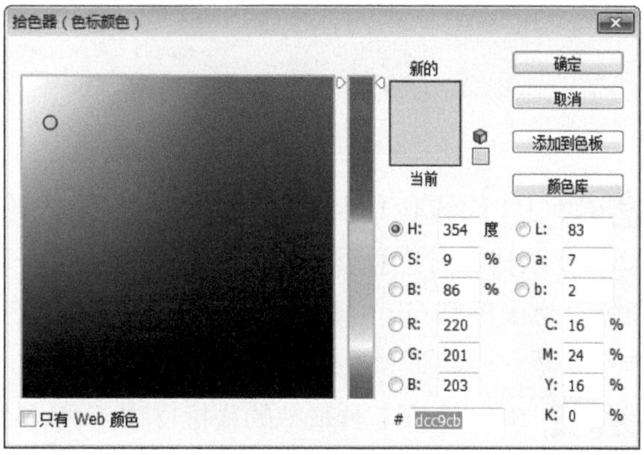

图 12-21 设置参数

步骤 05 依次单击"确定"按钮，即可制作出首页欢迎模块的背景效果，如图 12-22 所示。

步骤 06 在菜单栏中选择"文件"|"打开"命令，打开一幅商品素材图像，如图 12-23 所示。

图 12-22 填充渐变颜色

图 12-23 打开素材

步骤 07 选取工具箱中的移动工具，将商品素材图像拖曳至背景图像编辑窗口中的合适位置，如图 12-24 所示。

步骤 08 在菜单栏中选择"图像"|"调整"|"自然饱和度"命令，弹出"自然饱和度"对话框，设置"自然饱和度"为 50、"饱和度"为 5，单击"确定"按钮，增加商品画面的色彩，如图 12-25 所示。

图 12-24　调整位置

图 12-25　调整自然饱和度

步骤 09 选取工具箱中的横排文字工具，输入英文和中文文字"THE THANKSGIVING SEASON! 浓情 6 月感恩季"，展开"字符"面板，设置字体系列为黑体、字体大小为 33 点、"颜色"为褐色 (RGB 参数值分别为 117、90、63)，激活仿粗体图标，根据需要适当地调整文字的位置，预览文字效果，如图 12-26 所示。

步骤 10 选取工具箱中的横排文字工具，输入中文文字"全场 5 折起"，展开"字符"面板，设置字体系列为相应字体、字体大小为 50 点、"颜色"为黑色，激活仿粗体图标，根据需要适当地调整文字的位置，预览文字效果，如图 12-27 所示。

图 12-26　输入文字

图 12-27　输入的文字效果

图 12-28　最终效果

步骤 11 选择"5 折"展开"字符"面板，设置字体系列为相应字体、字体大小为 70 点、"颜色"为红色 (RGB 参数值分别为 201、25、46)，激活仿粗体图标，根据需要适当地调整文字的位置，预览文字效果，完成女包类店铺首页的设计，如图 12-28 所示。

第13章

网店主图：不同类别的展示图设计

学习提示

使用橱窗、店铺推荐位可以提高店铺的浏览量，增加店铺的成交量，尤其对于手机网店的卖家而言橱窗位的商品主图优化更是一种十分重要的营销手段。淘宝天猫以及微店上的商品种类繁多，通过使用橱窗推荐可以使卖家的商品脱颖而出。本章主要介绍不同类别的展示图设计。

本章重点导航

◎ 素材收集途径
◎ 主图展示方式

◎ 电脑网店主图设计
◎ 玩具网店主图设计

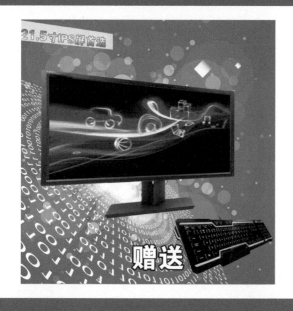

13.1 主图设计：网店主图设计详解

网店的主图设计是网店页面中的"点睛之笔"。商品主图如果设计得漂亮，能够吸引不少流量。本节为读者分析网店主图设计的一些相关知识。

13.1.1 素材收集途径

店铺装修用到的所有图片都要依靠图片素材完成。因此，需要提前收集大量的图片素材。这些素材可以在网络上收集，如在搜狗或者百度中搜索"素材"一词，就会在网页中显示很多素材网站，如图 13-1 所示。在不涉及版权的情况下，都可以下载使用。

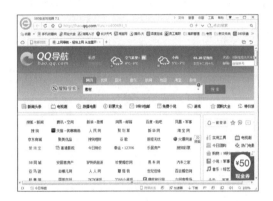
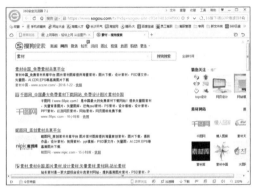

图 13-1　搜索图片素材

进入百度主页，在搜索框中输入"素材"关键词并按 Enter 键。

打开其中一个提供图片素材的网站，即可看到很多素材图片，如图 13-2 所示。找到合适的图片保存在本地计算机中，方便设计店铺主图时使用。此外也可以购买一些素材图库，图库越丰富，素材越全面，设计时就越容易。

图 13-2　素材图片

13.1.2　主图展示方式

　　好的商品图片在网络营销中起着重要的作用，不但可以增加在商品搜索列表中被发现的概率，而且直接影响到买家的购买决策。那么什么是好的商品图片呢？

　　好的商品图片应该反映出商品的类别、款式、颜色、材质等基本信息。在此基础上，要求商品图片拍得清晰、主题突出、颜色准确等，如图13-3所示。

图13-3　好的商品图片

　　要把一件商品完整地呈现在买家面前，让买家对商品在整体上、细节上都有一个深层次的了解，刺激买家的购买欲望，其主图至少要有整体图和细节图，如图13-4所示。

图13-4　整体图和细节图

13.2 主图设计：网店主图设计实战

主图设计在淘宝天猫网店装修中占据重要地位，接下来，将为读者讲述网店主图设计的案例。

13.2.1 电脑网店主图设计

本案例是为某品牌的电脑店铺设计的显示器商品主图，在制作的过程中使用充满科技感的背景图片进行修饰，添加"赠品"促销方案，以及简单的广告词来突出产品优势。

下面详细介绍电脑网店主图的制作方法。

素材文件	素材 \ 第 13 章 \13.2.1(a).jpg\13.2.1(b).jpg\13.2.1(c).jpg
效果文件	效果 \ 第 13 章 \13.2.1.jpg\13.2.1.psd
视频文件	视频 \ 第 13 章 \13.2.1　电脑网店主图设计 .mp4

步骤 **01**　在菜单栏中选择"文件"|"打开"命令，打开一幅素材图像，如图 13-5 所示。

步骤 **02**　选取工具箱中的裁剪工具，在工具属性栏中的"选择预设长宽比或裁剪尺寸"列表框中选择"1:1(方形)"选项，在图像中显示 1:1 的方形裁剪框，如图 13-6 所示。

图 13-5　打开素材图像

图 13-6　调整裁剪区域

步骤 **03**　按 Enter 键确认裁剪操作如图 13-7 所示。

步骤 **04**　在菜单栏中选择"图像"|"调整"|"亮度 / 对比度"命令，弹出"亮度 / 对比度"对话框，设置"亮度"为 15、"对比度"为 100，单击"确定"按钮，增强主图背景的对比效果，如图 13-8 所示。

步骤 **05**　在菜单栏中选择"文件"|"打开"命令，打开一幅商品素材图像，如图 13-9 所示。

步骤 **06**　运用移动工具将显示器图像拖曳至背景图像编辑窗口中，如图 13-10 所示。

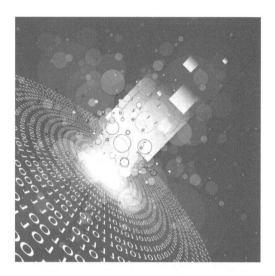

图 13-7　裁剪图像

图 13-8　调整图像亮度对比度

图 13-9　打开素材

图 13-10　拖曳图像至编辑窗口

步骤　07　运用魔棒工具，在显示器图像的白色区域创建选区，按 Delete 键删除选区内的图形，并取消选区，如图 13-11 所示。

步骤　08　按 Ctrl+T 组合键，调出变换控制框，运用透视命令适当调整显示器图像的大小、角度和位置，使主体图像更加突出，如图 13-12 所示。

步骤　09　在菜单栏中选择"文件"|"打开"命令，打开一幅商品素材图像，运用移动工具将其拖曳至背景图像编辑窗口中，用以上同样的方法进行抠图处理，并调整图像的大小和位置，如图 13-13 所示。

步骤　10　新建"图层 3"图层，运用多边形套索工具，在图像上创建一个多边形选区，如图 13-14 所示。

图 13-11　删除选区

图 13-12　透视图像

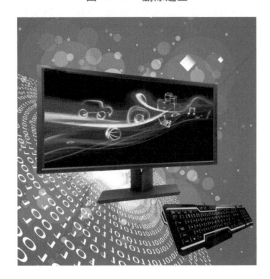

图 13-13　调整图像位置

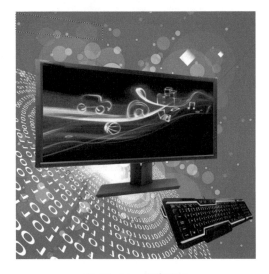

图 13-14　创建选区

步骤 11　设置前景色为浅蓝色 (RGB 参数值分别为 217、251、255)，为选区填充前景色，并取消选区，如图 13-15 所示。

步骤 12　在"图层"面板中设置"图层 3"图层的"不透明度"为 80%，预览效果，如图 13-16 所示。

步骤 13　选取工具箱中的横排文字工具，输入文字"21.5 寸 IPS 屏首选"，展开"字符"面板，设置字体系列为"方正大黑简体"、字体大小为 40 点、"颜色"为黑色，激活仿粗体图标，根据需要适当地调整文字的位置，预览效果，如图 13-17 所示。

步骤 14　选中"21.5"文字，设置其字体大小为 50 点，预览效果，如图 13-18 所示。

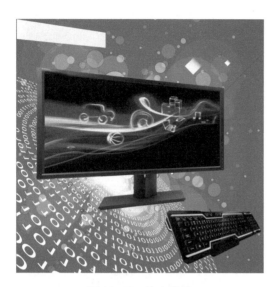

图 13-15　填充选区

图 13-16　调整图层不透明度

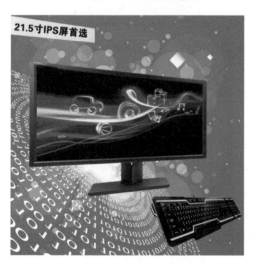

图 13-17　预览效果

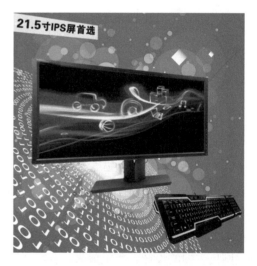

图 13-18　预览效果

步骤 15　双击文字图层，弹出"图层样式"对话框，选中"渐变叠加"复选框，如图 13-19 所示。

步骤 16　切换至"渐变叠加"参数选项区，单击"点按可编辑渐变"按钮，弹出"渐变编辑器"对话框，设置"渐变"为预设的"橙、黄、橙渐变"，依次单击"确定"按钮，即可为文字添加"渐变叠加"图层样式，预览效果，如图 13-20 所示。

步骤 17　用以上同样的方法，为文字图层添加"描边"图层样式，描边颜色为红色(RGB参数 255、0、0)，"大小"为 1 像素，如图 13-21 所示。

步骤 18　按 Ctrl+T 组合键调出变换控制框，适当调整文字图像的大小、角度和位置，预览效果，如图 13-22 所示。

图 13-19　设置渐变叠加

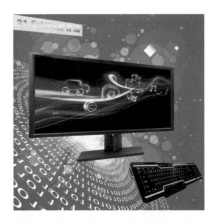

图 13-20　预览效果

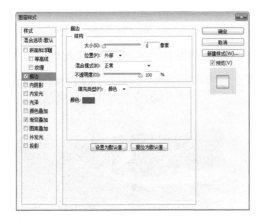

图 13-21　添加描边效果

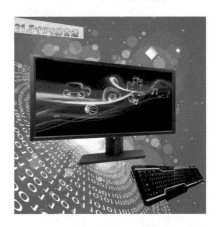

图 13-22　调整文字

步骤 19 选取工具箱中的横排文字工具，输入文字"赠送"，展开"字符"面板，设置字体系列为"方正大黑简体"、字体大小为 100 点、"颜色"为白色，激活仿粗体图标，根据需要适当地调整文字的位置，并为文字添加默认的"描边"和"投影"图层样式，完成电脑网店主图的设计，预览效果，如图 13-23 所示。

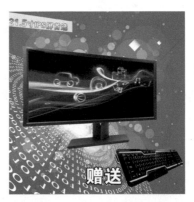

图 13-23　最终效果

13.2.2　玩具网店主图设计

　　本案例是为某玩具网店设计的抱枕商品主图。在制作的过程中，首页使用 Photoshop 的抠图功能在主图上添加相应的细节展示图，体现出产品的细节特点，并运用"特价"口号来吸引消费者的眼球。

　　下面详细介绍玩具网店主图的制作方法。

素材文件	素材 \ 第 13 章 \13.2.2(a).jpg\13.2.2(b).jpg
效果文件	效果 \ 第 13 章 \13.2.2.jpg\13.2.2.psd
视频文件	视频 \ 第 13 章 \13.2.2　玩具网店主图设计 .mp4

步骤 01　在菜单栏中选择"文件"|"打开"命令，打开一幅素材图像，如图 13-24 所示。

步骤 02　选取工具箱中的裁剪工具，在工具属性栏中的"选择预设长宽比或裁剪尺寸"列表框中选择"1∶1(方形)"选项，在图像中显示 1∶1 的方形裁剪框，如图 13-25 所示。

图 13-24　打开素材

图 13-25　调出裁剪控制框

步骤 03　移动裁剪控制框，确认裁剪范围，如图 13-26 所示。

步骤 04　按 Enter 组合键确认，即可裁剪图像，效果如图 13-27 所示。

图 13-26　确认裁剪范围

图 13-27　裁剪效果

步骤 05 在菜单栏中选择"文件"|"打开"命令，打开一幅素材图像，运用移动工具将其拖曳至背景图像编辑窗口中，如图 13-28 所示。

步骤 06 运用椭圆选框工具在细节图上创建一个椭圆选区，使用"变换选区"命令适当调整其大小，并反选选区，如图 13-29 所示。

图 13-28 拖曳素材至编辑窗口　　　　　　　　　图 13-29 创建椭圆选区

步骤 07 按 Delete 键删除选区内的图像，取消选区，并适当地调整细节图像的大小和位置，预览效果，如图 13-30 所示。

步骤 08 双击"图层 1"图层，弹出"图层样式"对话框，选中"外发光"复选框，保持默认设置即可，单击"确定"按钮，应用"外发光"图层样式，预览效果，如图 13-31 所示。

图 13-30 调整图像的大小和位置　　　　　　　　图 13-31 外发光效果

步骤 09 在"图层"面板中，新建"图层2"图层，如图13-32所示。

步骤 10 选取工具箱中的自定形状工具，在工具属性栏中的"形状"下拉列表框中选择"会话1"形状样式，如图13-33所示。

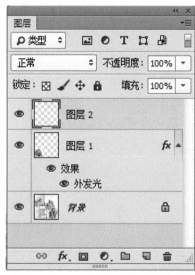

图13-32 新建图层

图13-33 选择形状

步骤 11 在工具属性栏中的"选择工具模式"列表框中，选择"像素"选项，如图13-34所示。

步骤 12 设置前景色为粉红色(RGB参数值分别为251、202、170)，在图像中的合适位置绘制一个图形，如图13-35所示。

图13-34 选择"像素"选项

图13-35 绘制效果

步骤 13 选取工具箱中的横排文字工具，输入文字"特价"，展开"字符"面板，设置字体系列为"方正大黑简体"、字体大小为 50 点、"颜色"为黑色，激活仿粗体图标，根据需要适当地调整文字的位置，如图 13-36 所示。

步骤 14 为文字添加默认的"投影"图层样式，预览效果，如图 13-37 所示。

图 13-36 设置文字属性

图 13-37 最终效果

第 **14** 章

网店详页：
不拘一格的宝贝描述设计

学习提示

　　宝贝描述区域的装修设计，就是对网店中销售的单个商品的细节进行介绍。在设计的过程中需要注意很多规范，以求用最佳的图像和文字来展示出商品的特点。本章主要介绍不拘一格的宝贝描述设计的操作方法。

本章重点导航

◎ 商品详页的设计要点
◎ 商品图片的展示方式
◎ 商品细节的展示

◎ 抱枕网店详页设计
◎ 坚果零食网店详页设计

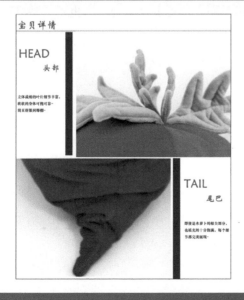

14.1 详页设计：网店详页设计详解

　　宝贝详情页面是对商品的使用方法、材质、尺寸、细节等方面的内容进行展示。同时，有的店家为了拉动店铺内其他商品的销售，或者提升店铺的品牌形象，还会在宝贝详情页面中添加搭配套餐、公司简介等信息，以此来树立和创建商品的形象，增强顾客的购买欲望，如图 14-1 所示。

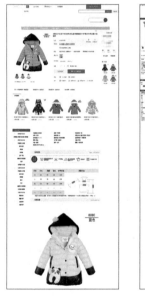

图 14-1　宝贝详情页面

　　通常情况下，产品详情页面的宝贝描述图的宽度是 750 像素，高度不限。产品详页直接影响着成交转换率。其中的设计内容要根据商品的具体内容来确定。只有图片处理得合格，才能让店铺看起来比较正规、更加专业。这样对顾客才更有吸引力，这也正是装修产品详页中最基础的要求。如图 14-2 所示，为衣服尺码信息的展示。

尺码	衣长	胸围	袖长	参考身高	测量方法
M	58	76	42	100	
L	60	78	44	130	
XL	62	80	46	140	
——	——	——	——	——	
——	——	——	——	——	

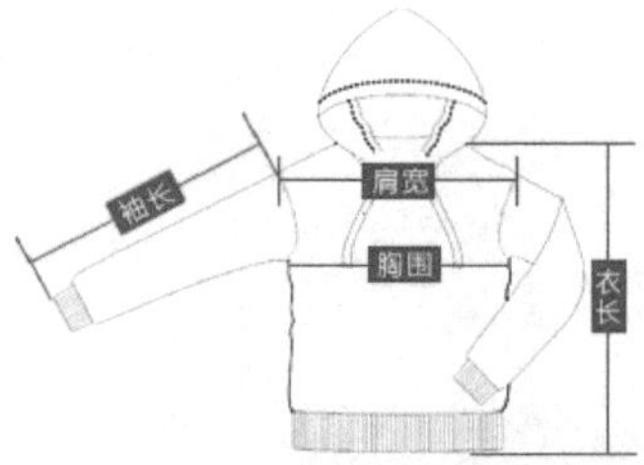

商品尺寸都是手工测量，由于每个人的测量方法不同和量具不同，可能误差会在2-3cm之间，请您放心购买！（单位：cm）

图 14-2　尺码信息

14.1.1　商品详页的设计要点

　　在网店交易的整个过程中，没有实物、营业员，也不能口述、不能感觉。此时的产品详页就承担起推销一个商品的所有工作。在整个推销过程中是非常静态的，没有交流、没有互动。顾客在浏览商品时也没有现场氛围来烘托购物气氛，因此顾客此时会变得相对理性。

　　产品详情页面在重新排列商品细节展示的过程中，只能通过文字、图片、视频等沟通方式。这就要求卖家在整个产品详页的布局中注意一个关键点，那就是阐述逻辑。如图 14-3 所示，为产品详页的基本营销思路。在进行产品详情页面设计的过程中，会遇到几个问题，如商品的展示类型、细节展示和产品规格及参数的设计等，这些图片的添加和修饰都是有讲究的。

图 14-3　产品详页的基本营销思路

14.1.2　商品图片的展示方式

　　顾客购买商品最主要看的就是商品展示的部分，在这里需要让顾客对商品有一个直观的感觉。通常这部分是以图片的形式来展现的，分为摆拍图和场景图两种类型，如图 14-4 所示。

图 14-4　摆拍图和场景图

　　摆拍图能够最直观地表现产品。画面的基本要求就是能够把产品如实地展现出来，倾向于平实无华路线。有时候这种态度也能打动消费者。实拍的图片通常需要突出主体，用纯色背景，讲究干净、简洁、清晰。

　　场景图能够在展示商品的同时在一定程度上烘托商品的氛围。它通常需要较高的成本和一定的拍摄技巧。这种拍摄手法适合有一定经济实力、有能力把控产品的展现尺度的卖家。因为场景的引入，如果运用得不好，反而会增加图片的无效信息，分散主体的注意力。

总之，不管是通过场景图还是通过摆拍图来展示商品，最终的目的都是想让顾客掌握更多的商品信息。因此，在设计图片的时候，首先要注意的就是图片的清晰度，其次是图片色彩的真实度，力求逼真而完美地表现出商品的特性。

14.1.3　商品细节的展示

在产品详页中，顾客可以找到产品的大致感觉。通过对商品的细节进行展示，能够让商品在顾客的脑海中形成大致的印象。当顾客有意识想要购买商品的时候，商品细节区域的恰当表现就要开始起作用了。细节是让顾客更加了解这个商品的主要手段。顾客熟悉商品才是对最后的成交起到关键作用的一步。而细节的展示可以通过多种方法来表现，如图14-5所示。

图14-5　细节展示

需要注意的是，细节图只要抓住买家最需要的展示即可，其他能去掉的就去掉。此外，过多的细节图展示，会让网页中图片显示的内容过多而导致较长的缓冲时间，容易造成顾客的流失。

14.2　详页设计：网店详页设计实战

宝贝详情页面是商家向外展示商品的一个重要途径。详情页面的制作要突出商品的优点，并且在扬长避短的同时，需要表达中肯的意见与建议。本节为读者介绍网店详页设计的实际操作。

14.2.1　抱枕网店详页设计

本案例是为抱枕网店设计的产品详情页面中的产品特色展示部分。通过对商品进行指示并配以文字说明来展示出抱枕产品的特点和优势，让顾客能够全方位、清晰地认识到商品的

<<<<<

细节特性。下面详细介绍抱枕网店详页的制作方法。

素材文件	素材 \ 第 14 章 \14.2.1(a).jpg\14.2.1(b).jpg\14.2.1(c).jpg
效果文件	效果 \ 第 14 章 \14.2.1.jpg\14.2.1.psd
视频文件	视频 \ 第 14 章 \14.2.1　抱枕网店详页设计 .mp4

步骤 01 在菜单栏中选择"文件"|"打开"命令，弹出相应对话框，在其中选择合适的背景素材图像，如图 14-6 所示。

步骤 02 单击"打开"按钮，即可打开素材图像，如图 14-7 所示。

图 14-6　选择素材

图 14-7　打开素材

步骤 03 单击工具箱底部的前景色色块，弹出"拾色器 (前景色)"对话框，设置 RGB 参数值均为 190，单击"确定"按钮，如图 14-8 所示。

步骤 04 在工具属性栏中设置"粗细"为 3 像素，运用直线工具在商品图像下方绘制一条相应长度的直线，如图 14-9 所示。

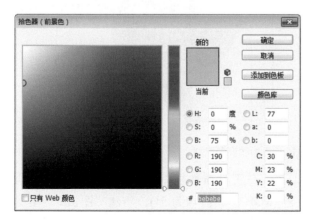

图 14-8　设置参数

图 14-9　绘制直线

步骤 05 在菜单栏中选择"文件"|"打开"命令，打开"14.2.1(b)"素材图像，如图 14-10 所示。

步骤 06 运用移动工具将"14.2.1(b)"素材图像拖曳至当前的图像编辑窗口中，调出变换控制框适当调整其大小和位置，确定效果，如图 14-11 所示。

图 14-10 打开素材

图 14-11 移动和调整素材

步骤 07 运用同样的方法添加"14.2.1(c)"素材图像，并适当调整其大小和位置，如图 14-12 所示。

图 14-12 添加和调整素材

步骤 08 选取工具箱中的直线工具，在工具属性栏中的"选择工具模式"列表框中选择"像素"选项，设置前景色为灰色(RGB 参数值均为 51)，新建"图层 3"图层，如图 14-13 所示。

步骤 09 在工具属性栏中设置"粗细"为 25 像素，运用直线工具在商品图像下方绘制一条相应长度的直线，复制一条所绘制的直线，并调整至合适的位置，效果如图 14-14 所示。

图 14-13　新建图层

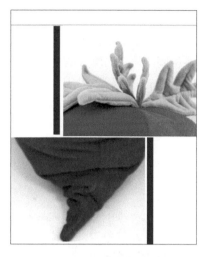

图 14-14　移动和调整素材

步骤 10 选取工具箱中的横排文字工具,在图像编辑窗口中的适当位置单击鼠标左键,输入相应文字,设置字体为"华文新魏"、字体大小为 35 点、"颜色"为粉红色 (RGB 参数分别为 254、76、155),按 Ctrl+Enter 组合键确认,如图 14-15 所示。

步骤 11 选取工具箱中的横排文字工具,在图像编辑窗口中的适当位置单击鼠标左键,输入相应文字,设置字体为"华文新魏"、字体大小为 30 点、"颜色"为粉红色,按 Ctrl+Enter 组合键确认,如图 14-16 所示。

图 14-15　文字效果

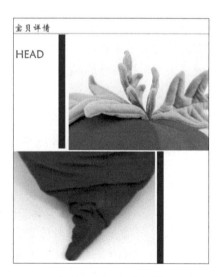

图 14-16　文字效果

步骤 12 运用横排文字工具在图像编辑窗口中的适当位置单击鼠标左键,输入相应文字,设置字体为"华文新魏"、字体大小为 30 点、"颜色"为粉红色,按 Ctrl+Enter 组合键确认。运用以上同样的方法,输入其他文字,并调整其位置,预览效果,如图 14-17 所示。

步骤 13 运用横排文字工具在图像编辑窗口中的适当位置单击鼠标左键，输入相应文字，设置字体为"华文中宋"、字体大小为 13 点、"颜色"为黑色，按 Ctrl+Enter 组合键确认。用与上述相同的方法，输入其他文字，并调整其位置，预览效果，完成抱枕网店详页的设计，如图 14-18 所示。

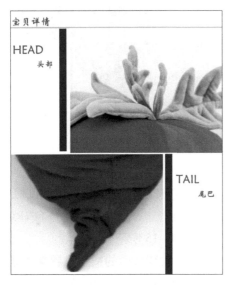

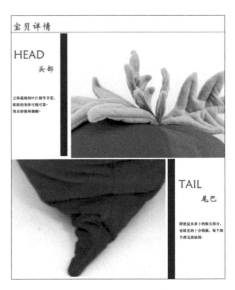

图 14-17 继续输入文字　　　　　　　　　　图 14-18 最终效果

14.2.2 坚果零食网店详页设计

本案例是为坚果零食网店设计的产品详情页面中的颜色展示部分。画面中采用纯色作为底色，就是为了衬托商品的颜色，不影响顾客对商品本身颜色的判断。色彩之间的差异让商品形象更加凸显，同时搭配相关的文字信息，为顾客呈现出完善的商品视觉效果。下面详细介绍坚果零食网店详页的制作方法。

素材文件	素材 \ 第 14 章 \14.2.2(a).jpg\14.2.2(b).jpg\14.2.2(c).jpg
效果文件	效果 \ 第 14 章 \14.2.2.jpg\14.2.2.psd
视频文件	视频 \ 第 14 章 \14.2.2　坚果零食网店详页设计 .mp4

步骤 01 在菜单栏中选择"文件"|"新建"命令，弹出"新建"对话框，在其中设置"名称"为"14.2.2"、"宽度"为 550 像素、"高度"为 800 像素、"分辨率"为 72 像素 / 英寸、"颜色模式"为"RGB 颜色"、"背景内容"为"白色"，如图 14-19 所示。

步骤 02 单击"确定"按钮，新建一幅空白图像，如图 14-20 所示。

步骤 03 在菜单栏中选择"文件"|"打开"命令，打开"14.2.2(a)"素材图像，如图 14-21 所示。

步骤 04 运用移动工具将"14.2.2(a)"素材图像拖曳至新建的图像窗口中，并适当地调整其大小和位置，如图 14-22 所示。

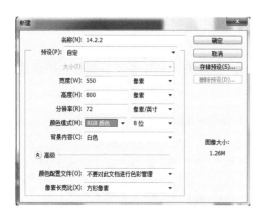

图 14-19 设置参数

图 14-20 新建空白图像

图 14-21 打开素材

图 14-22 合成素材

步骤 05 在菜单栏中选择"文件"|"打开"命令，打开"14.2.2(b)"素材图像，如图 14-23 所示。

步骤 06 运用移动工具将"14.2.2(b)"素材图像拖曳至新建的图像窗口中，并适当地调整其大小和位置，如图 14-24 所示。

图 14-23 打开素材

图 14-24 合成素材

步骤 07 运用以上同样的方法，在产品详页图像中添加其他素材图像，并适当地调整其大小和位置，如图 14-25 所示。

步骤 08 选取工具箱中的自定形状工具，新建"图层 6"图层，在工具属性栏中设置"填充"为黑色、"形状"为三角形，如图 14-26 所示。

图 14-25 添加其他素材

图 14-26 设置形状

步骤 09 在图像编辑窗口中的合适位置绘制形状，在菜单栏中选择"编辑"|"变换"|"旋转 90 度 (顺时针)(90)"命令，得到效果，如图 14-27 所示。

步骤 10 复制 3 个所绘制的形状，并调整至合适的位置，如图 14-28 所示。

图 14-27 绘制三角形

图 14-28 复制三角形

步骤 11 选取工具箱中的横排文字工具，在图像编辑窗口中的适当位置单击鼠标左键，输入相应文字，设置字体为"黑体"、字体大小为 60 点、"颜色"为白色，按 Ctrl+Enter 组合键确认，如图 14-29 所示。

步骤 12 选取工具箱中的横排文字工具，在图像编辑窗口中的适当位置单击鼠标左键，输入相应文字，设置字体为"黑体"、字体大小为 15 点、"颜色"为黑色，按 Ctrl+Enter 组合键确认，如图 14-30 所示。

图 14-29 输入文字

图 14-30 输入文字

步骤 13 运用以上同样的方法，输入其他文字，并调整其位置，预览效果，完成坚果零食网店的设计，如图 14-31 所示。

图 14-31 最终效果

第15章

家居行业：
掌握家居网店装修设计

学习提示

　　家居行业是和我们生活息息相关的一个行业，在淘宝和天猫的网店中，家居网店一直是一个热门。本章为读者介绍家居行业中店铺装修设计的具体流程和操作步骤。

本章重点导航

◎ 制作家居店铺导航和店招的效果　　　◎ 制作家居店铺广告海报区域的效果
◎ 制作家居店铺首页欢迎模块的效果　　◎ 制作家居店铺服务信息区的效果
◎ 制作家居店铺单品简介区的效果

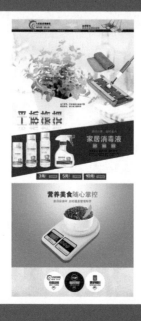

15.1 家居网店：家居网店设计布局与配色分析

家居商品是淘宝天猫网店上的热门销售商品。本案例对家居网店设计进行实战分析和讲解。

1．布局策划解析

本实例是为家居产品设计和制作的店铺首页，设计中通过使用倾斜的对象来营造出动态的感觉。其具体的制作和分析如下。

- 欢迎模块：欢迎模块中使用商品图片、场景图片与标题文字组合的方式进行表现，其中商品图片和标题文字各占据画面的二分之一，形成自然的对称效果，平衡了画面的信息表现力。
- 单品简介区：单个商品区域使用菱形对画面进行分割和布局，并错落有致地放置了商品图片和介绍文字，给人一种节奏感和韵律感。
- 广告海报区：广告海报区域使用商品图片与文字结合的方式进行表现，并使用径向渐变来突出表现出文字和商品，能够完整地表现出商品的特点和形象。
- 服务信息区：信息区域使用 3 个大小相同的正圆形等距排列的方式来进行表现，有助于信息的分类，对顾客的阅读体验也有所提升。

2．主色调：蓝灰色色调

本例在色彩设计的过程中，使用了大量蓝棕色，包括店铺背景、修饰的形状和文字等，均使用了蓝色进行配色。蓝色让整个画面显得通透而明亮，能够给人一种阳光、轻松的感觉，从整体画面的色调倾向来讲，本案例的色调偏冷灰色，第一印象能够传递出整洁干净的感觉。

- 页面背景配色：冷色调。

R49、G49、B49 C79、M74、Y72、 K47	R167、G184、B179 C38、M17、Y27、 K3	R211、G195、B169 C22、M24、Y34、 K0	R234、G230、B210 C9、M10、Y20、 K0	R235、G235、B229 C10、M7、Y11、 K0

- 商品图像配色：补色。

R115、G215、B39 C57、M0、Y93、 K0	R133、G193、B243 C50、M15、Y0、 K0	R84、G234、B248 C54、M0、Y15、 K0	R255、G119、B0 C0、M66、Y92、 K0	R197、G11、B26 C37、M100、 Y100、K3

15.2 家居网店：家居网店装修实战步骤详解

本节介绍家居生活用品店铺装修的实战操作过程，主要可以分为制作店铺导航和店招、首页欢迎模块、单品简介区、广告海报区、服务信息区等几个部分。本案例完成的最终效果如图 15-1 所示。

图 15-1　最终效果

素材文件	LGOG.psd、商品图片 1.jpg ～商品图片 5.jpg、底纹 .jpg、文字 1.psd、文字 2.psd 等
效果文件	效果 \ 第 15 章 \ 家居店铺装修设计 .psd、家居店铺装修设计 .jpg
视频文件	视频 \ 第 15 章 \15.2.1　制作家居店铺导航和店招的效果 .mp4、15.2.2　制作家居店铺首页欢迎模块的效果 .mp4、15.2.3　制作家居店铺单品简介区的效果 .mp4、15.2.4　制作家居店铺广告海报区域的效果 .mp4、15.2.5　制作家居店铺服务信息区的效果 .mp4

15.2.1　制作家居店铺导航和店招的效果

下面介绍家居店铺导航和店招的制作。

步骤　01　在菜单栏中选择"文件"|"新建"命令，弹出"新建"对话框，设置"名称"为"家居店铺装修设计"、"宽度"为 1440 像素、"高度"为 3200 像素、"分辨率"为 300 像素 / 英寸、"颜色模式"为"RGB 颜色"、"背景内容"为"白色"，单击"确定"按钮，新建一幅空白图像，如图 15-2 所示。

步骤　02　打开"底纹 .jpg"素材图像，运用移动工具将其拖曳至背景图像编辑窗口中的合适位置，如图 15-3 所示。

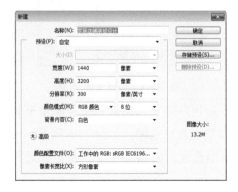

图 15-2　新建图像文件

图 15-3　添加底纹素材

步骤 03 新建"图层1"图层，运用矩形选框工具创建一个矩形选区，如图15-4所示。

步骤 04 设置前景色为深褐色(RGB参数值分别为56、29、22)，按Alt + Delete组合键，为选区填充前景色，如图15-5所示。

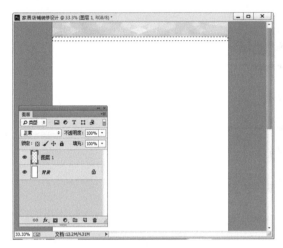

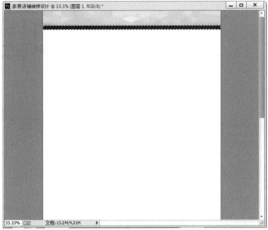

图15-4 创建矩形选区　　　　　　　　　图15-5 为选区填充前景色

步骤 05 取消选区，选取工具箱中的横排文字工具，输入相应文字，设置字体系列为"黑体"、字体大小为3.68点、"颜色"为白色，如图15-6所示。

步骤 06 选择"首页"文字，在"字符"面板中设置"颜色"为黄色(RGB参数值分别为255、243、4)，如图15-7所示。

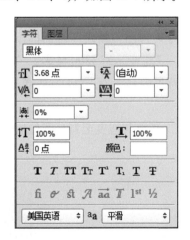

图15-6 输入并设置文字　　　　　　　　图15-7 设置文字颜色

步骤 07 打开"商品图片1.jpg"素材图像，运用移动工具将素材图像拖曳至背景图像编辑窗口中的合适位置处，运用魔棒工具在白色背景上创建选区，如图15-8所示。

步骤 08 按Delete键删除选区内的图像，取消选区，将商品图片调整至合适的大小和位置，如图15-9所示。

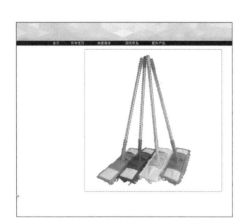

图 15-8　添加商品素材

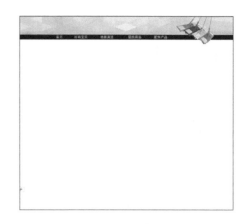

图 15-9　调整素材图像

步骤　09　运用横排文字工具输入相应文字,设置字体系列为"黑体"、字体大小为6点、行距为6点、"颜色"为黑色,如图 15-10 所示。

步骤　10　选择相应文字,在"字符"面板中设置"颜色"为红色 (RGB 参数值分别为 188、1、14),如图 15-11 所示。

图 15-10　输入相应文字

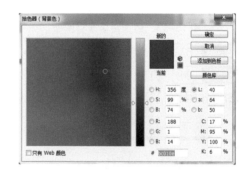

图 15-11　设置文字颜色

步骤　11　打开 Logo.psd 素材图像,运用移动工具将素材图像拖曳至背景图像编辑窗口中的合适位置处,如图 15-12 所示。

图 15-12　添加店铺 Logo 素材

15.2.2　制作家居店铺首页欢迎模块的效果

下面介绍家居店铺首页欢迎模块的制作。

步骤 01　在菜单栏中选择"文件"|"打开"命令，打开一幅素材图像，运用移动工具将素材图像拖曳至背景图像编辑窗口中的合适位置，如图 15-13 所示。

步骤 02　在菜单栏中选择"图像"|"调整"|"亮度/对比度"命令，弹出"亮度/对比度"对话框，设置"亮度"为 8、"对比度"为 58，单击"确定"按钮，效果如图 15-14 所示。

图 15-13　添加背景素材图像

图 15-14　调整亮度／对比度

步骤 03　适当调整素材图像的大小和位置，效果如图 15-15 所示。

步骤 04　打开"商品图片 2.jpg"素材图像，运用移动工具将素材图像拖曳至背景图像编辑窗口中的合适位置，运用魔棒工具在白色背景上创建选区，如图 15-16 所示。

图 15-15　调整素材图像

图 15-16　添加商品素材图像

步骤 05　按 Delete 键删除选区内的图像，取消选区，将商品图片调整至合适的大小和位置，如图 15-17 所示。

步骤 06　运用横排文字工具输入相应文字，设置字体系列为"方正大黑简体"、字体大小为 30 点、"颜色"为黑色，如图 15-18 所示。

步骤 07　为文字图层添加"渐变叠加"图层样式，并设置"渐变"为"蓝、黄、蓝渐变"，效果如图 15-19 所示。

步骤 08 复制文字图层，垂直翻转图像并调整其位置，效果如图 15-20 所示。

图 15-17 抠图

图 15-18 输入文字

图 15-19 添加"渐变叠加"图层样式

图 15-20 垂直翻转图像

步骤 09 为复制的文字图层添加图层蒙版，并运用黑白渐变色填充蒙版，制作文字倒影效果，如图 15-21 所示。

步骤 10 打开"文字 1.psd"素材图像，运用移动工具将素材图像拖曳至背景图像编辑窗口中的合适位置，效果如图 15-22 所示。

图 15-21 制作倒影效果

图 15-22 添加文字素材

15.2.3 制作家居店铺单品简介区的效果

下面介绍家居店铺单品简介区的效果的制作。

步骤 01 新建"图层 6"图层，创建一个矩形选区，如图 15-23 所示。

步骤 02 在菜单栏中选择"选择"|"变换选区"命令，调出变换控制框，如图 15-24 所示。

图 15-23 创建矩形选区

图 15-24 调出变换控制框

步骤 03 在变换控制框中单击鼠标右键，在弹出的快捷菜单中选择"斜切"命令，适当调整选区的形状，如图 15-25 所示，确认变换操作。

步骤 04 设置前景色为深红色(RGB 参数值均为 152、45、0)，按 Alt + Delete 组合键，为选区填充前景色，如图 15-26 所示。

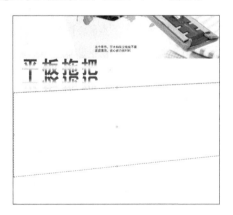

图 15-25 变换选区

图 15-26 为选区填充前景色

步骤 05 打开"商品图片 3.psd"素材图像，运用移动工具将素材图像拖曳至背景图像编辑窗口中的合适位置，效果如图 15-27 所示。

步骤 06 运用横排文字工具在图像上输入相应的文字，设置字体系列为"方正大黑简体"、字体大小为 20 点、"颜色"为蓝色(RGB 参数值分别为 133、192、226)，如图 15-28 所示。

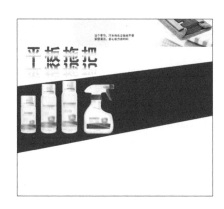

图 15-27　添加商品图片

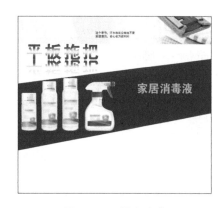

图 15-28　输入文字

步骤　07　运用圆角矩形工具，在图像上绘制一个"半径"为 10 像素、"填充"为灰色(RGB 参数值分别为 133、136、145)的圆角矩形形状，如图 15-29 所示。

步骤　08　运用横排文字工具在圆角矩形图像上输入相应的文字，设置字体系列为"黑体"、字体大小为 5 点、"颜色"为白色，如图 15-30 所示。

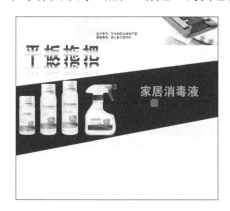

图 15-29　绘制圆角矩形

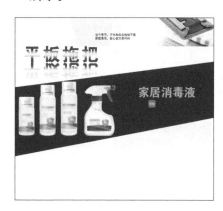

图 15-30　输入文字

步骤　09　复制圆角矩形形状和文字，调整至合适位置，并修改其中的文字内容，效果如图 15-31 所示。

步骤　10　打开"文字 2.psd"素材图像，运用移动工具将素材图像拖曳至背景图像编辑窗口中的合适位置，效果如图 15-32 所示。

图 15-31　复制形状和文字

图 15-32　添加文字素材

15.2.4 制作家居店铺广告海报区域的效果

下面介绍家居店铺广告海报区域的效果的制作。

步骤 01 打开"优惠券.psd"素材图像，运用移动工具将素材图像拖曳至背景图像编辑窗口中的合适位置，如图 15-33 所示。

步骤 02 新建"图层 9"图层，运用矩形选框工具创建一个矩形选区，如图 15-34 所示。

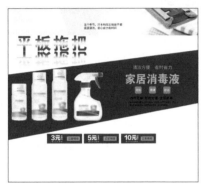

图 15-33 添加优惠券素材

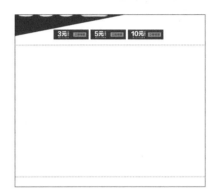

图 15-34 创建矩形选区

步骤 03 运用渐变工具为选区填充白色到灰绿色 (RGB 参数值分别为 135、159、152) 的径向渐变，效果如图 15-35 所示。

步骤 04 按 Ctrl+D 组合键，取消选区，如图 15-36 所示。

图 15-35 填充径向渐变

图 15-36 取消选区

步骤 05 打开"商品图片 4.psd"素材图像，运用移动工具将素材图像拖曳至背景图像编辑窗口中的合适位置，如图 15-37 所示。

步骤 06 双击相应图层，弹出"图层样式"对话框，选中"投影"复选框，设置"不透明度"为 30%、"角度"为 80 度、"距离"为 30 像素、"扩展"为 5%、"大小"为 5 像素，如图 15-38 所示。

步骤 07 单击"确定"按钮，即可添加"投影"图层样式，效果如图 15-39 所示。

步骤 08 打开"商品图片 5.jpg"素材图像，运用移动工具将素材图像拖曳至背景图像编辑窗口中的合适位置，并适当调整其大小，如图 15-40 所示。

图 15—37 添加商品图像

图 15—38 设置投影参数

图 15—39 添加"投影"图层样式

图 15—40 添加商品图片

步骤 09 为"图层 11"图层添加图层蒙版，并运用黑色的画笔工具涂抹图像，隐藏部分图像效果，如图 15-41 所示。

步骤 10 打开"文字 3.psd"素材图像，运用移动工具将素材图像拖曳至背景图像编辑窗口中的合适位置，如图 15-42 所示。

图 15—41 隐藏部分图像效果

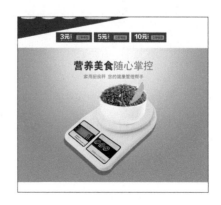

图 15—42 添加文字素材

15.2.5　制作家居店铺服务信息区的效果　↻

下面介绍家居店铺服务信息区的效果的制作。

步骤　01　打开"底纹 .psd"素材图像，运用移动工具将素材图像拖曳至背景图像编辑窗口中的合适位置，如图 15-43 所示。

步骤　02　按 Ctrl+T 组合键，调出变换控制框，适当调整底纹图像的大小并确认修改，效果如图 15-44 所示。

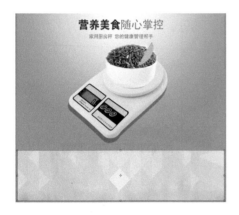

图 15-43　添加底纹素材

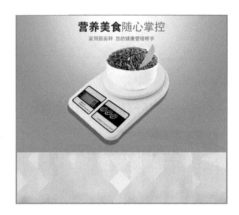

图 15-44　调整图像大小

步骤　03　展开"图层"面板，将"图层 12"图层的"不透明度"设置为 60%，效果如图 15-45 所示。

步骤　04　打开"服务信息 .psd"素材图像，运用移动工具将素材图像拖曳至背景图像编辑窗口中的合适位置，如图 15-46 所示。

图 15-45　调整不透明度效果

图 15-46　添加素材图像

第16章

食品行业：
掌握食品网店装修设计

学习提示

　　"民以食为天"，美食行业是和我们生活密切相连的一个行业。在淘宝和天猫的众多网店中，美食网店一直是一个热门。本章为读者介绍食品行业中，美食店铺装修设计的具体流程和操作步骤。

本章重点导航

◎ 制作美食店铺导航和店招的效果　　　　◎ 制作美食店铺商品展示区的效果

◎ 制作美食店铺首页欢迎模块的效果　　　◎ 制作美食店铺底部功能区的效果

◎ 制作美食店铺商品推荐区的效果

16.1 美食网店：店铺设计布局与配色分析

美食商品是淘宝天猫网店上的热门销售商品。本案例将对美食网店设计进行实战分析和讲解。

1. 布局策划解析

本实例是美食产品设计的店铺首页装修效果，在设计中使用了淡紫色作为背景色调，搭配紫色欢迎模块和色彩绚丽的商品，让色彩的风格形成碰撞的感觉，具体的制作和分析如下。

- 欢迎模块：欢迎模块中使用商品图片、场景图片与标题文字组合的方式进行表现，其中商品图片和标题文字各占据画面的1/2，形成自然的对称效果，平衡了画面的信息。
- 单品简介区：单个商品区域使用菱形对画面进行分割和布局，并错落有致地放置了商品图片和介绍文字，给人一种节奏感和韵律感。
- 广告海报区：广告商品区域使用商品图片与文字结合的方式进行表现，并使用径向渐变来突出表现出文字和商品，能够完整地表现出商品的特点和形象。
- 服务信息区：信息区域使用3个大小相同的正圆形等距排列的方式来进行表现，有助于信息的分类，对顾客的阅读体验也有所提升。

2. 主色调：紫灰色色调

本案例在色彩设计的过程中，使用了低纯度的黄色系作为网页的背景色，用高明度的色彩作为商品的颜色。两者之间的色彩存在很大差异，这样的差异使得商品的表现更为突出，让商品显得琳琅满目，对商品的推广有着推动作用。此外，商品价格标签中使用的红色系与商品颜色相近。顾客可以对商品的价格进行一一对应，避免颜色过多而造成内容杂乱。

- 页面背景及设计元素配色：低纯度紫色系。

R234、G153、B255 C25、M45、Y0、K0	R193、G132、B209 C34、M55、Y50、K0	R226、G14、B255 C48、M78、Y0、K0	R255、G72、B220 C24、M73、Y0、K0	R252、G48、B121 C0、M89、Y26、K0

- 商品及商品背景配色：高明度色彩。

R115、G197、B255 C53、M12、Y0、K0	R254、G165、B187 C0、M49、Y12、K0	R250、G75、B118 C0、M83、Y33、K0	R198、G28、B55 C28、M98、Y79、K0	R255、G248、B150 C8、M3、Y77、K0

16.2 美食网店：店铺网页装修实战步骤详解

本节介绍美食店铺装修的实战操作过程，主要可以分为制作店招和店铺导航、首页欢迎模块、商品推荐区、商品展示区、底部功能区等几个部分。本案例的最终效果如图16-1所示。

图16-1 最终效果

	素材文件	Logo.psd、分割线 .psd、商品图片 1.psd ～商品图片 5.psd、购物车 .psd、文字 .psd 等
	效果文件	效果 \ 第 16 章 \ 美食店铺装修设计 .psd
	视频文件	视频 \ 第 16 章 \16.2.1　制作美食店铺导航和店招的效果 .mp4、16.2.2　制作美食店铺首页欢迎模块的效果 .mp4、16.2.3　制作美食店铺商品推荐区的效果 .mp4、16.2.4　制作美食店铺商品展示区的效果 .mp4、16.2.5　制作美食店铺底部功能区的效果 .mp4

16.2.1　制作美食店铺导航和店招的效果

下面介绍美食店铺导航和店招的效果的制作。

步骤 01　在菜单栏中选择"文件"|"新建"命令，弹出"新建"对话框，设置"名称"为"美食店铺装修设计"、"宽度"为 1440 像素、"高度"为 3200 像素、"分辨率"为 300 像素 / 英寸、"颜色模式"为"RGB 颜色"、"背景内容"为"白色"，单击"确定"按钮，新建一幅空白图像，如图 16-2 所示。

步骤 02　设置前景色为淡紫色 (RGB 参数值分别为 234、153、255)，按 Alt + Delete 组合键，为"背景"图层填充前景色，如图 16-3 所示。

步骤 03　新建"图层 1"图层，运用矩形选框工具创建一个矩形选区，如图 16-4 所示。

步骤 04　设置前景色为蓝色 (RGB 参数值分别为 115、197、255)，为选区填充颜色，并取消选区，如图 16-5 所示。

图 16-2　新建图像文件

图 16-3　填充"背景"图层

图 16-4　创建矩形选区

图 16-5　填充选区

步骤　05　打开 Logo.psd 素材图像，运用移动工具将素材图像拖曳至背景图像编辑窗口中的合适位置，如图 16-6 所示。

步骤　06　选取工具箱中的直线工具，设置前景色为白色 (RGB 参数值均为 255)、"粗细"为 2 像素，在图像中绘制一条直线形状，效果如图 16-7 所示。

图 16-6　添加 Logo 素材

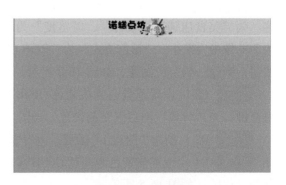

图 16-7　绘制直线

步骤 07 运用横排文字工具输入相应文字，设置字体系列为"黑体"、字体大小为4.5点、"颜色"为白色，激活仿粗体图标，效果如图16-8所示。

步骤 08 选取工具箱中的矩形工具，设置前景色为白色，在图像中绘制一个矩形形状，效果如图16-9所示。

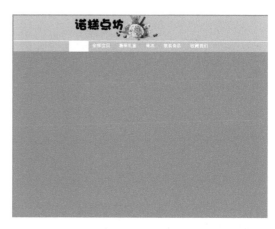

图 16-8 输入相应文字　　　　　　　　　　图 16-9 绘制矩形形状

步骤 09 将矩形形状图层下移一层，并在"字符"面板中将"首页"文字的"颜色"设置为红色 (RGB 参数值分别为 188、1、14)，效果如图 16-10 所示。

步骤 10 打开"商品图片 1.jpg"素材图像，运用移动工具将素材图像拖曳至背景图像编辑窗口中的合适位置，效果如图 16-11 所示。

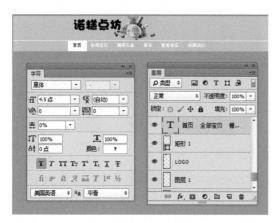

图 16-10 修改文字颜色　　　　　　　　　图 16-11 添加商品素材

16.2.2 制作美食店铺首页欢迎模块的效果

下面介绍美食店铺首页欢迎模块的效果的制作。

步骤 01 新建"图层 3"图层，运用矩形选框工具创建一个矩形选区，如图 16-12 所示。

步骤 `02` 设置前景色为黄色 (RGB 参数值分别为 255、248、150)，为选区填充颜色，并取消选区，如图 16-13 所示。

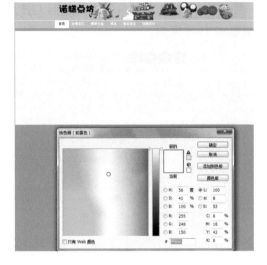

图 16-12　创建矩形选区　　　　　　　　　　图 16-13　填充并取消选区

步骤 `03` 设置前景色为白色，选取工具箱中的自定形状工具，设置"形状"为"雪花1"，在黄色背景上绘制多个雪花形状，效果如图 16-14 所示。

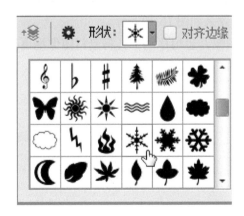

图 16-14　绘制多个雪花形状

步骤 `04` 创建"雪花"图层组，将所绘制的雪花形状图层拖曳到其中，并修改相应图层的不透明度，效果如图 16-15 所示。

步骤 `05` 打开"商品图片 2.jpg"素材图像，运用移动工具将素材图像拖曳至背景图像编辑窗口中的合适位置，如图 16-16 所示。

步骤 `06` 运用魔棒工具在商品图像的绿色背景上创建选区，按 Delete 键删除选区内的图像，并取消选区，效果如图 16-17 所示。

步骤 `07` 打开"首页装饰 .psd"素材图像，运用移动工具将素材图像拖曳至背景图像编辑窗口中的合适位置，如图 16-18 所示。

图 16-15　修改不透明度

图 16-16　添加商品素材

图 16-17　抠图

图 16-18　添加装饰素材

步骤 08　运用横排文字工具在图像上输入相应文字,设置字体系列为"方正粗宋简体"、字体大小为 16 点、"颜色"为蓝色 (RGB 参数值分别为 115、197、255),如图 16-19 所示。

步骤 09　为文字图层添加"投影"图层样式,设置"距离"为 1 像素、"大小"为 1 像素,效果如图 16-20 所示。

图 16-19　输入相应文字

图 16-20　添加"投影"图层样式

专家指点

　　对齐图层是将图像文件中包含的图层按照指定的方式（沿水平或垂直方向）对齐；分布图层是将图像文件中的几个图层中的内容按照指定的方式（沿水平或垂直方向）平均分布，将当前选择的多个图层或链接图层进行等距排列。

　　在"图层"面板中每个图层都有默认的名称，用户可以根据需要，自定义图层的名称，以利于过程中操作的方便。对于多余的图层，应该及时将其从图像中删除，以减小图像文件的大小。

　　删除图层的方法有两种，分别如下。

- 命令：在菜单栏中选择"图层"|"删除"|"图层"命令。
- 快捷键：在选取移动工具并且当前图像中不存在选区的情况下，按 Delete 键，删除图层。

16.2.3　制作美食店铺商品推荐区的效果

　　下面介绍美食店铺商品推荐区的效果的制作。

　　步骤 01　设置前景色为白色，运用圆角矩形工具绘制一个白色的圆角矩形形状，宽度为 1000 像素，高度为 1050 像素，设置相应的属性选项，如图 16-21 所示。

　　步骤 02　打开"分隔线 .psd"素材图像，运用移动工具将素材图像拖曳至背景图像编辑窗口中的合适位置，如图 16-22 所示。

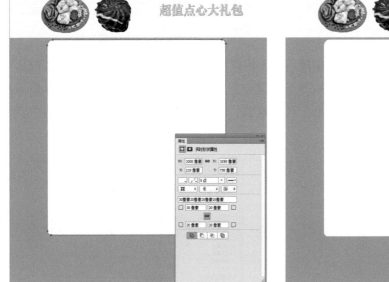

图 16-21　绘制圆角矩形形状　　　　　　　　　　图 16-22　添加分隔线素材

　　步骤 03　选取工具箱中的渐变工具，打开"渐变编辑器"对话框，设置渐变色为黑色到白色 (50% 位置) 再到黑色的线性渐变，如图 16-23 所示。

<<<<<

步骤 04 为"分隔线"图层组添加图层蒙版，并运用渐变工具从左至右填充图层蒙版，隐藏部分图像效果，并设置图层组的"不透明度"为 60%，如图 16-24 所示。

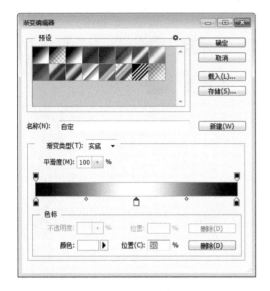

图 16-23 设置渐变色　　　　　图 16-24 设置图层组效果

步骤 05 设置前景色为黄色 (RGB 参数值分别为 210、175、57)，运用直线工具绘制一条"粗细"为 2 像素的直线形状，效果如图 16-25 所示。

步骤 06 复制直线形状，将其拖曳至合适的位置，效果如图 16-26 所示。

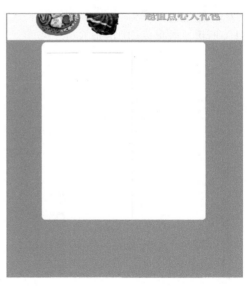

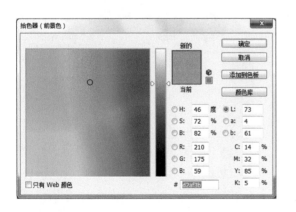

图 16-25 绘制直线形状　　　　　图 16-26 复制直线形状

步骤 07 运用横排文字工具在图像上输入相应文字，设置字体系列为"方正粗宋简体"、字体大小为 6 点，如图 16-27 所示。

步骤 08 为文字图层添加"渐变叠加"图层样式，设置渐变色为浅黄色 (RGB 参数值分别为 255、191、6) 到金黄色 (RGB 参数值分别为 214、130、40)，并选中"反向"复选框，如图 16-28 所示。

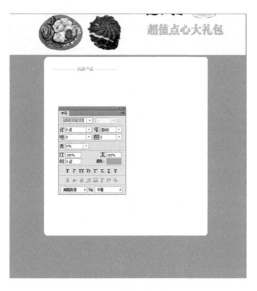

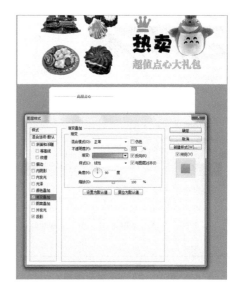

图 16-27　输入相应文字　　　　　　　　　图 16-28　添加"渐变叠加"图层样式

步骤 09 为文字图层添加"投影"图层样式，设置"距离"为 1 像素、"大小"为 1 像素，效果如图 16-29 所示。

步骤 10 选取工具箱中的自定形状工具，设置"形状"为"皇冠 1"，在文字上绘制"皇冠 1"形状，效果如图 16-30 所示。

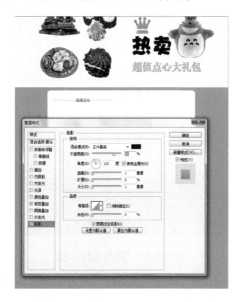

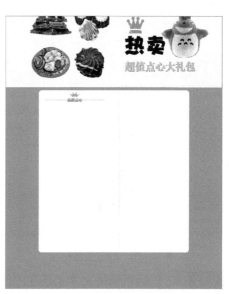

图 16-29　添加"投影"图层样式　　　　　　图 16-30　绘制皇冠图像

步骤 11 复制文字图层的图层样式，并将其粘贴到皇冠形状图层上，效果如图 16-31 所示。

步骤 12 创建"标题栏"图层组，将相应图层拖曳到其中，如图 16-32 所示。

步骤 13 打开"商品图片 3.jpg"素材图像，运用移动工具将素材图像拖曳至背景图像编辑窗口中的合适位置，如图 16-33 所示。

步骤 14 用同样的方法，添加其他的商品素材图像，效果如图 16-34 所示。

图 16-31 复制并粘贴图层样式

图 16-32 调整图层

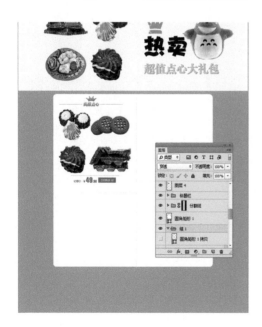

图 16-33 添加商品素材

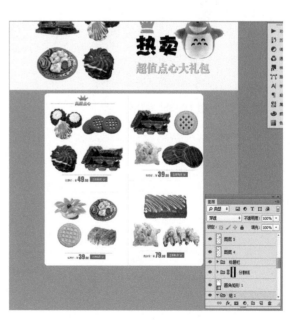

图 16-34 添加其他商品素材

16.2.4　制作美食店铺商品展示区的效果

下面介绍美食店铺商品展示区的效果的制作。

步骤 01　复制前面绘制的白色圆角矩形形状，并适当调整其位置和大小，效果如图 16-35 所示。

步骤 02　设置前景色为黄色 (RGB 参数值分别为 255、253、218)，运用圆角矩形工具绘制一个圆角矩形，宽度为 1000 像素，高度为 76 像素，如图 16-36 所示。

步骤 03　运用横排文字工具在图像上输入"蛋糕专区"，设置字体系列为"方正粗宋简体"、字体大小为 12 点、"颜色"为紫色 (RGB 参数值分别为 234、153、255)，并为文字图层添加"投影"图层样式，设置"距离"与"大小"均为 2 像素，效果如图 16-37 所示。

图 16-35　复制图形

图 16-36　绘制圆角矩形形状

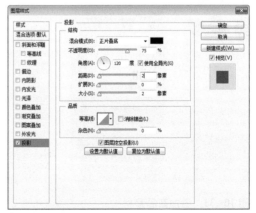

图 16-37　输入并设置文字效果

步骤 04 打开"商品图片 5.psd"素材图像，运用移动工具将素材图像拖曳至背景图像编辑窗口中，并调整其大小和位置，效果如图 16-38 所示。

步骤 05 运用横排文字工具在图像上输入相应文字，设置字体系列为"黑体"、字体大小为 6 点、"颜色"为红色 (RGB 参数值分别为 255、75、116)，如图 16-39 所示。

图 16-38　添加商品素材　　　　　　　　　图 16-39　输入相应文字

步骤 06 运用横排文字工具在图像上输入相应文字，设置字体系列为"黑体"、字体大小为 3.5 点、"颜色"为黑色，如图 16-40 所示。

步骤 07 选择"99.9"文字，在"字符"面板中设置字体系列为"方正粗宋简体"、"颜色"为黄色 (RGB 参数值分别为 249、158、79)，设置字体大小分别为 12 点和 9 点，如图 16-41 所示。

图 16-40　输入相应文字　　　　　　　　　图 16-41　修改文字属性

步骤 08 打开"钱币符号 .psd"素材图像，运用移动工具将素材图像拖曳至背景图像编辑窗口中的合适位置，如图 16-42 所示。

步骤 09 设置前景色为红色 (RGB 参数值分别为 250、75、110)，运用矩形工具绘制一个矩形形状，如图 16-43 所示。

图 16-42　添加符号素材

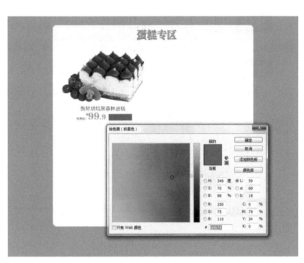

图 16-43　绘制矩形形状

步骤 10　运用横排文字工具在图像上输入相应文字，设置字体系列为"黑体"、字体大小为 5 点、"颜色"为白色，如图 16-44 所示。

步骤 11　打开"购物车 .psd"素材图像，运用移动工具将素材图像拖曳至背景图像编辑窗口中的合适位置，如图 16-45 所示。

步骤 12　创建"商品"图层组，将前面制作的商品展示相关图层移动到其中，并复制该图层组，将复制后的图像移动至合适位置，如图 16-46 所示。

步骤 13　用同样的方法复制图层组，并调整图像位置，效果如图 16-47 所示。

图 16-44　输入相应文字

图 16-45　添加购物车素材

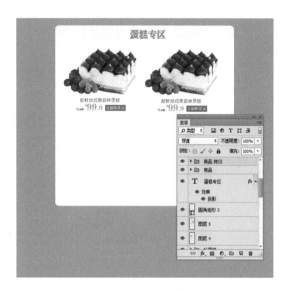

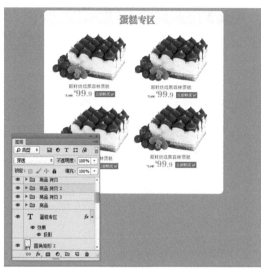

图 16-46　管理并复制图层组　　　　　　　　　图 16-47　复制并调整图像位置

16.2.5　制作美食店铺底部功能区的效果

下面介绍美食店铺底部功能区的效果的制作。

步骤 01　新建"图层 7"图层，运用椭圆选框工具创建一个圆形选区，并填充白色，如图 16-48 所示。

步骤 02　运用椭圆选框工具将选区向右移动至合适的位置，并为选区填充黄色 (RGB 参数值分别为 247、186、17)，效果如图 16-49 所示。

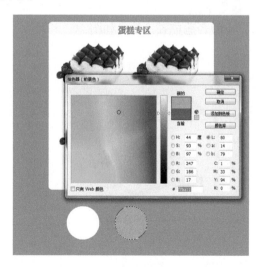

图 16-48　创建并填充选区　　　　　　　　　　图 16-49　复制并填充选区

步骤 03　运用椭圆选框工具将选区继续向右移动至合适的位置，为选区填充绿色 (RGB 参数值分别为 99、182、190)，并取消选区，效果如图 16-50 所示。

步骤 **04** 设置前景色为红色 (RGB 参数值分别为 198、28、55)，运用自定形状工具绘制一个"红心形卡"形状，效果如图 16-51 所示。

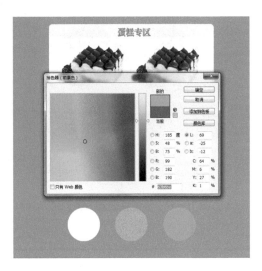

图 16-50　复制并填充选区

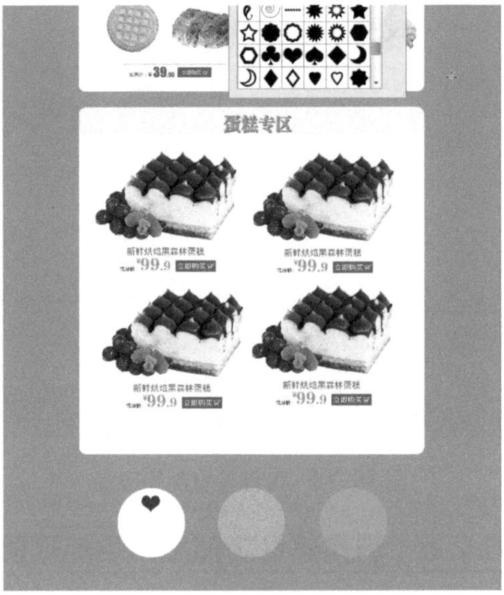

图 16-51　绘制"红心形卡"形状

步骤 **05** 运用横排文字工具在图像上输入相应文字，设置字体系列为"方正粗宋简体"、字体大小为 6 点、行距为 6 点、"颜色"为红色 (RGB 参数值分别为 198、28、55)，如图 16-52 所示。

步骤 **06** 打开"文字 .psd"素材图像，运用移动工具将素材图像拖曳至背景图像编辑窗口中的合适位置，效果如图 16-53 所示。

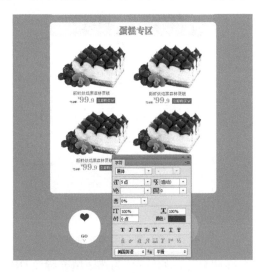

图 16-52　输入相应文字

图 16-53　添加文字素材

第17章

电子行业：
掌握电子网店装修设计

学习提示

　　随着电子信息科技的飞速发展，电子商品在我们的生活中越来越普及，已经是和我们生活密切相连的一个行业。在淘宝和天猫的众多网店中，电子商品是一个大热门。本章为读者介绍电子行业中，手机店铺装修设计的具体流程和操作步骤。

本章重点导航

◎ 制作手机店铺背景和店招的效果　　◎ 制作手机店铺单品简介区的效果
◎ 制作手机店铺首页欢迎模块的效果　◎ 制作手机店铺商品推荐专区的效果
◎ 制作手机店铺商品展示区的效果

17.1 手机网店：店铺设计布局与配色分析

手机是淘宝天猫网店上的热门销售商品。本案例对电子行业中的手机网店设计进行实战分析和讲解。

1．布局策划解析

本实例是为手机数码产品设计和制作的店铺首页，页面中以黑、白、灰 3 色作为画面的主色调，利用简单的矩形图形来对画面进行分割。其具体的制作和分析如下。

- 店招与导航：在店招中将店铺 Logo、店铺特色与店铺的主要业务进行展示，直截了当地突出店铺的主题。导航区使用简单的黑色底纹加白色文字，对比明显。
- 欢迎模块：通过加框的宣传文字，并搭配上色彩分明的背景和商品图片，重点表现出店铺的销售内容和渠道。
- 商品展示区：采用瀑布流式布局，视觉表现为参差不齐的多栏布局，随着页面滚动条向下滚动，将一切美妙精彩的商品图片呈现在顾客眼前。
- 单品简介区：通过白色和黑色两个单品展示区，突出不同商品的特色，并搭配简单的商品特色文案，以及相关的商品链接，让顾客更容易了解商品并购买商品。

2．主色调：灰色调

本例在色彩设计的过程中，使用了黑、白、灰色彩对画面进行分割，色相从暖色逐渐过渡到冷色，给人一种自然的渐变效果，带来一种视觉上的色彩变换感，也营造出一种韵律。在文字及商品的配色中，参考了页面背景的色彩，使用了冷色调和明度较暗的色彩进行搭配，给人理智、专业的感觉，有助于提升商品的档次，表现出商品的品质。

- 页面背景及商品配色：黑、白、灰多层次搭配。

R33、G33、B33 C83、M78、Y77、K60	R119、G119、B119 C62、M52、Y50、K1	R191、G191、B191 C25、M19、Y18、K0	R247、G247、B247 C4、M3、Y3、K0	R255、G255、B255 C0、M0、Y0、K0

- 文字及欢迎模块配色：黄、绿、红。

R28、G206、B84 C69、M0、Y84、K0	R31、G203、B253 C66、M0、Y4、K0	R141、G224、B236 C46、M0、Y14、K0	R203、G250、B255 C23、M0、Y6、K0	R220、G163、B198 C17、M45、Y5、K0

17.2 手机网店：店铺网页装修实战步骤详解

本节介绍手机店铺装修的实战操作过程，主要可以分为制作店铺背景和店招、首页欢迎模块、商品展示区、单品简介区等几个部分。本案例的最终效果如图 17-1 所示。

图 17-1　最终效果

素材文件	导航条 .psd、商品图片 1.jpg ～商品图片 8.psd、商品展示 .jpg、文字 1.psd、文字 2.psd
效果文件	效果 \ 第 17 章 \ 手机店铺装修设计 .psd
视频文件	视频 \ 第 17 章 \17.2.1　制作手机店铺背景和店招的效果 .mp4、17.2.2 制作手机店铺首页欢迎模块的效果 .mp4、17.2.3　制作手机店铺商品展示区的效果 .mp4、17.2.4　制作手机店铺单品简介区的效果 .mp4、17.2.5　制作手机店铺商品推荐专区的效果 .mp4、

17.2.1　制作手机店铺背景和店招的效果

下面介绍手机店铺背景和店招的效果的制作。

步骤　01　在菜单栏中选择"文件"|"新建"命令，弹出"新建"对话框，设置"名称"为"手机店铺装修设计"、"宽度"为 1440 像素、"高度"为 3200 像素、"分辨率"为 300 像素 / 英寸、"颜色模式"为"RGB 颜色"、"背景内容"为"白色"，单击"确定"按钮，新建一幅空白图像，如图 17-2 所示。

步骤　02　设置前景色为浅灰色 (RGB 参数值均为 247)，按 Alt + Delete 组合键，为"背景"图层填充前景色，如图 17-3 所示。

步骤　03　运用矩形工具在图像上方绘制一个矩形路径，在"属性"面板中设置 W 为 87 像素、H 为 33 像素、X 为 634 像素、Y 为 18 像素，如图 17-4 所示。

步骤　04　在"路径"面板中单击"将路径作为选区载入"按钮，将路径转换为选区，如图 17-5 所示。

图 17-2　新建图像文件

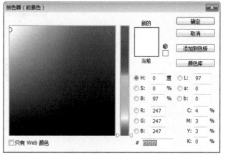

图 17-3　填充前景色

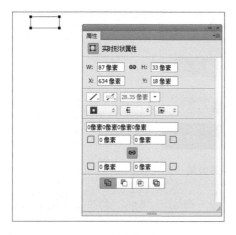

图 17-4　绘制矩形路径

图 17-5　将路径转换为选区

步骤　05　新建"图层 1"图层，设置前景色为黑色 (RGB 参数值均为 0)，按 Alt + Delete 组合键，为"图层 1"图层填充前景色，并取消选区，如图 17-6 所示。

步骤　06　在图像上输入相应的文字，设置字体系列为黑体、字体大小为 7 点、所选字符的字距调整为 100，并为文字设置不同的颜色，如图 17-7 所示。

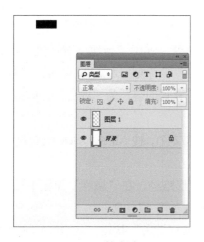

图 17-6　填充选区

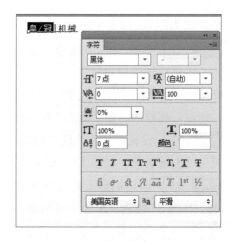

图 17-7　输入并设置文字

步骤 07 在图像上输入相应的文字，设置字体系列为黑体、字体大小为 4 点、所选字符的字距调整为 800、"颜色"为黑色 (RGB 参数值均为 0)，如图 17-8 所示。

步骤 08 打开"导航条 .psd"素材图像，运用移动工具将其拖曳至背景图像编辑窗口中的合适位置，如图 17-9 所示。

图 17-8　输入其他文字

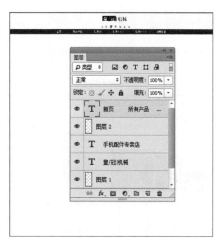

图 17-9　添加导航条素材

专家指点

　　Adobe 提供了描述 Photoshop 软件功能的帮助文件，选择"帮助"|"Photoshop 联机帮助"命令或者选择"帮助"|"Photoshop 支持中心"命令，就可链接到 Adobe 网站的版主社区查看帮助文件。

　　Photoshop 帮助文件中还提供了大量的视频教程的链接地址，单击相应链接地址，就可以在线观看由 Adobe 专家录制的各种详细的 Photoshop CC 的功能演示视频，以便用户可以自行学习。在 Photoshop CC 的帮助资源中还具体介绍了 Photoshop 常见的问题与解决方法。用户可以根据不同的情况来进行查看。

17.2.2　制作手机店铺首页欢迎模块的效果

　　下面介绍手机店铺首页欢迎模块的效果的制作。

步骤 01 在菜单栏中选择"文件"|"打开"命令，打开一幅素材图像，如图 17-10 所示。

步骤 02 在菜单栏中选择"图像"|"调整"|"亮度/对比度"命令，弹出"亮度/对比度"对话框，设置"亮度"为 15、"对比度"为 3，单击"确定"按钮，效果如图 17-11 所示。

步骤 03 运用移动工具将素材图像拖曳至背景图像编辑窗口中的合适位置，效果如图 17-12 所示。

步骤 04 运用横排文字工具在图像上输入相应的文字，设置字体系列为黑体、字体大小为 10 点、"颜色"为黑色 (RGB 参数值均为 0)，如图 17-13 所示。

图 17-10　打开素材图像

图 17-11　调整亮度／对比度

图 17-12　移动素材图像

图 17-13　输入相应文字

步骤　05　双击文字图层，弹出"图层样式"对话框，选中"描边"复选框，设置"大小"为 3 像素、"颜色"为白色 (RGB 参数值均为 255)，效果如图 17-14 所示。

步骤　06　单击"确定"按钮，即可添加描边效果，并取消选区，效果如图 17-15 所示。

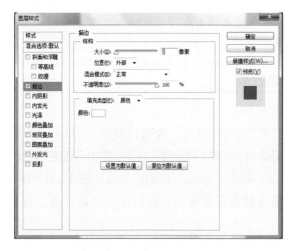

图 17-14　设置描边选项

图 17-15　描边效果

步骤　07　为文字添加默认的"外发光"图层样式，效果如图 17-16 所示。

图 17-16　添加"外发光"图层样式

💬 **专家指点**

　　在 Photoshop CC 中，如果菜单中的命令呈现灰色，则表示该命令在当前编辑状态下不可用；如果菜单命令右侧有一个三角形符号，则表示此菜单包含有子菜单，将鼠标指针移动到该菜单上，即可打开其子菜单；如果菜单命令右侧有省略号"…"，则执行此菜单命令时将会弹出与之有关的对话框。

17.2.3　制作手机店铺商品展示区的效果

　　下面介绍手机店铺商品展示区的效果的制作。

　步骤 01　运用横排文字工具输入相应文字，并设置相应的字体和字号，效果如图 17-17 所示。

　步骤 02　新建"图层 4"图层，创建一个矩形选区，如图 17-18 所示。

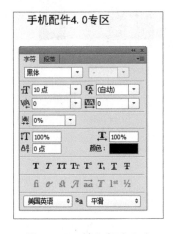

图 17-17　输入相应文字

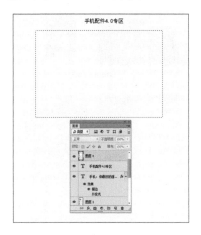

图 17-18　创建矩形选区

步骤 `03` 为选区填充白色并取消选区，如图 17-19 所示。

步骤 `04` 打开"商品图片 5.jpg"素材图像，运用移动工具将素材图像拖曳至背景图像编辑窗口中的合适位置，效果如图 17-20 所示。

图 17-19　填充取消选区　　　　　　　　　　　图 17-20　添加商品素材

步骤 `05` 运用横排文字工具在图像上输入相应的文字，设置字体系列为"方正大黑简体"、字体大小为 6 点、"颜色"为黑色，如图 17-21 所示。

步骤 `06` 选择相应的文字，设置字体系列为"黑体"、"颜色"为深灰色 (RGB 参数值分别为 100、97、97)，效果如图 17-22 所示。

图 17-21　输入文字　　　　　　　　　　　　　图 17-22　设置字符属性

步骤 07 运用横排文字工具在图像上输入相应的文字，设置字体系列为"黑体"、字体大小为 6 点、"颜色"为红色 (RGB 参数值分别为 207、29、29)，如图 17-23 所示。

步骤 08 选取工具箱中的矩形选框工具，在文字周围创建一个矩形选区，并新建"图层 6"图层，如图 17-24 所示。

图 17-23　输入文字

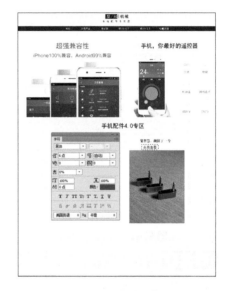

图 17-24　创建选区与图层

步骤 09 在菜单栏中选择"编辑" | "描边"命令，弹出"描边"对话框，设置"宽度"为 2 像素、"颜色"为红色 (RGB 参数值分别为 207、29、29)，效果如图 17-25 所示。

步骤 10 单击"确定"按钮，即可添加描边效果，并取消选区，效果如图 17-26 所示。

图 17-25　设置描边属性

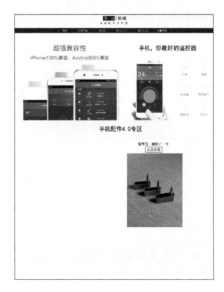

图 17-26　添加描边效果

步骤 11 复制相应的图层，调整其位置和大小，效果如图 17-27 所示。

步骤 12 运用横排文字工具修改相应的文字内容，效果如图 17-28 所示。

图 17-27 复制图层　　　　　　　　　　图 17-28 修改文字内容

步骤 13 打开"商品图片 2.jpg"素材图像，运用移动工具将素材图像拖曳至背景图像编辑窗口中的合适位置，效果如图 17-29 所示。

步骤 14 使用同样的方法，添加其他的商品素材图像，效果如图 17-30 所示。

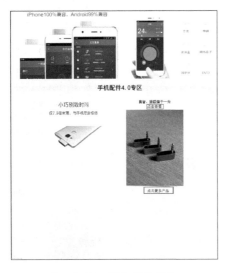
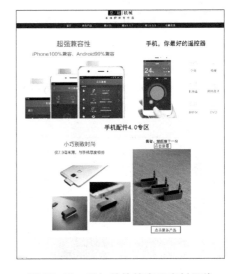

图 17-29 添加商品图片　　　　　　　　图 17-30 添加其他的商品素材图像

17.2.4 制作手机店铺单品简介区的效果　　⟳

下面介绍手机店铺单品简介区的效果的制作。

步骤 01 新建"图层 10"图层，创建一个矩形选区，如图 17-31 所示。

步骤 `02` 为选区填充白色并取消选区，如图 17-32 所示。

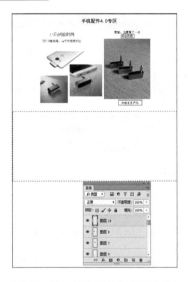

图 17-31　创建图层与矩形选区

图 17-32　填充白色

步骤 `03` 打开"商品图片 6.jpg"素材图像，运用移动工具将素材图像拖曳至背景图像编辑窗口中的合适位置，运用魔棒工具在白色背景上创建选区，如图 17-33 所示。

步骤 `04` 按 Delete 键删除选区内的图像，取消选区，将商品图片调整至合适的位置，如图 17-34 所示。

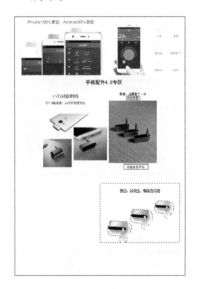

图 17-33　创建选区

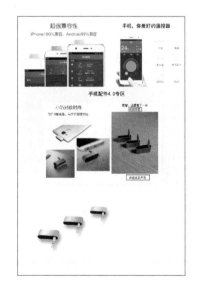

图 17-34　抠图并调整图像位置

步骤 `05` 适当调整图像的大小，如图 17-35 所示。

步骤 `06` 打开"商品图片 7.jpg"素材图像，运用移动工具将素材图像拖曳至背景图像编辑窗口中的合适位置，如图 17-36 所示。

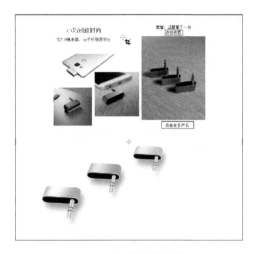

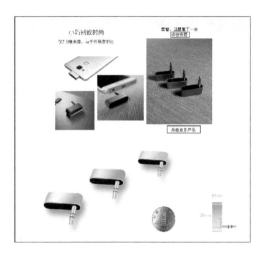

图 17-35　调整图像的大小　　　　　　　　图 17-36　添加商品图像

💬 **专家指点**

　　工具属性栏一般位于菜单栏的下方，主要用于对所选择工具的属性进行设置。它提供了控制工具属性的选项，其显示的内容会根据所选工具的不同而发生变化。在工具箱中选择相应的工具后，工具属性栏将随之显示该工具可使用的功能。例如，选择工具箱中的矩形选框工具，属性栏中就会出现与矩形选框相关的参数设置。

步骤 07　选择相对应的图层，选择工具箱中的魔棒工具，选中该空白的图像，如图 17-37 所示。

步骤 08　按 Delete 键删除选区中的图像，并取消选区，效果如图 17-38 所示。

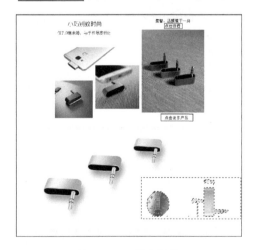

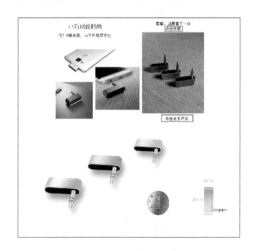

图 17-37　选中图像　　　　　　　　　　　图 17-38　取消选区

步骤 09　打开"文字 1.psd"素材图像，运用移动工具将素材图像拖曳至背景图像编辑窗口中的合适位置，如图 17-39 所示。

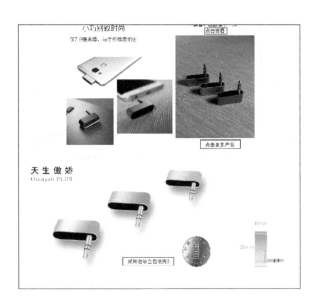

图 17-39　添加文字素材

17.2.5　制作手机店铺商品推荐专区的效果

下面介绍手机店铺商品推荐专区的效果的制作。

步骤 01　复制相应的文字图层，并调整其位置和内容，如图 17-40 所示。

步骤 02　打开"商品展示 .jpg"素材图像，运用移动工具将素材图像拖曳至背景图像编辑窗口中的合适位置，效果如图 17-41 所示。

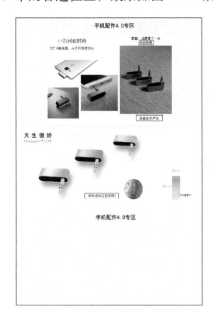

图 17-40　复制并修改文字

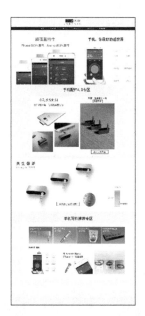

图 17-41　添加素材图像

步骤 03　新建"图层 14"图层，创建矩形选区，并填充黑色，如图 17-42 所示。

步骤 04 取消选区，在菜单栏中选择"滤镜"|"杂色"|"添加杂色"命令，弹出"添加杂色"对话框，设置"数量"为15%、"分布"为"高斯模糊"，选中"单色"复选框，单击"确定"按钮，效果如图17-43所示。

图17-42　填充黑色

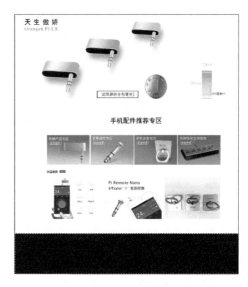

图17-43　添加杂色效果

步骤 05 打开"商品图片8.psd"素材图像，运用移动工具将素材图像拖曳至背景图像编辑窗口中的合适位置，如图17-44所示。

步骤 06 双击"图层16"图层，弹出"图层样式"对话框，选中"投影"复选框，设置"不透明度"为75%、"角度"为0度、"距离"为30像素、"扩展"为5%、"大小"为50像素，如图17-45所示。

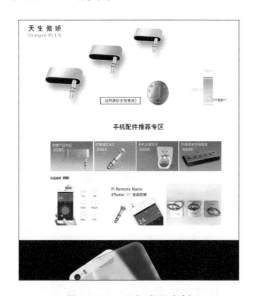

图17-44　添加商品素材

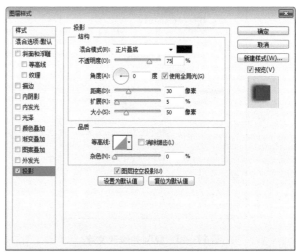

图17-45　设置投影参数

步骤 07 单击"确定"按钮，即可添加"投影"图层样式，效果如图 17-46 所示。

步骤 08 打开"文字 2.psd"素材图像，运用移动工具将素材图像拖曳至背景图像编辑窗口中的合适位置，效果如图 17-47 所示。

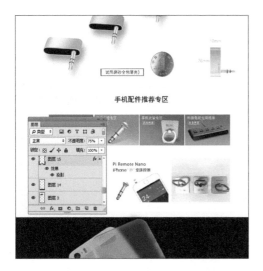

图 17-46　添加"投影"图层样式

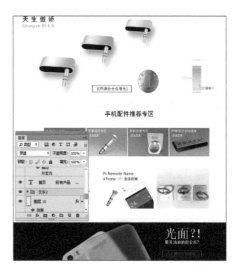

图 17-47　添加文字素材

第18章

化妆品行业：
掌握化妆品网店装修设计

学习提示

　　化妆品行业是淘宝的热门行业，化妆品已经是我们生活中必不可少的日用品。在淘宝和天猫的众多网店中，美妆商品是一个大热门。本章为读者介绍妆品行业中，美妆店铺装修设计的具体流程和操作步骤。

本章重点导航

◎ 制作美妆店铺店招和导航的效果　　　　◎ 制作美妆店铺商品展示区的效果
◎ 制作美妆店铺首页欢迎模块的效果　　　◎ 制作美妆店铺商品热销区的效果
◎ 制作美妆店铺促销方案的效果

18.1　美妆网店：店铺设计布局与配色分析

化妆品是淘宝天猫网店上的热门销售商品。本案例将对妆品行业中的美妆网店设计进行实战分析和讲解。

1. 布局策划解析

本实例是为某品牌的美肤化妆产品设计的店铺首页装修效果，在设计中使用了淡黄色作为背景色调，搭配蓝色来营造出一种淡雅、温暖的视觉效果。其具体的制作和分析如下。

- 欢迎模块：欢迎模块中使用商品图像与标题文字组合的方式进行表现，两者各占据画面的1/2，形成自然的对称效果，平衡了画面的信息表现力。
- 促销方案：该区域使用大小相同的矩形对画面进行分割，显得很整齐，能够完整地表现出每个促销方案的特点和形象。
- 商品展示区：该区域使用商品图片与文字结合的方式进行表现，每组信息中的文字和产品位置刚好相反，与下面的当季热销区中的商品刚好形成 S 形的视觉引导线。
- 热销商品区：该区域背景使用了色彩较明亮的天蓝色进行修饰，避免单一色彩带来的呆板感觉。

2. 主色调：粉色与红色多层次搭配

本案例在色彩设计的过程中，使用了粉色作为画面的背景，营造出温暖的感觉。而在设计元素的配色上，也迎合粉色的暖色调特点，使用了红色、玫红等色彩对文字、标签等进行修饰。并使用粉紫色作为欢迎模块与热销商品区的背景色调，让画面整体的色彩搭配协调而统一。除此之外，美妆产品的配色主要以高纯度和高明度的色彩为主，能够从整个画面中脱颖而出，显得醒目而清晰。

- 页面背景及设计元素配色：粉色调。

R245、G236、B202 C6、M8、Y25、K0	R170、G159、B255 C44、M35、Y0、K0	R255、G221、B255 C9、M14、Y0、K0	R242、G48、B101 C4、M90、Y42、K0	R250、G14、B76 C0、M95、Y57、K0

- 商品及商品背景配色：高纯度与高明度色彩。

R255、G221、B255 C9、M14、Y0、K0	R177、G3、B7 C20、M94、Y100、K10	R125、G59、B108 C50、M81、Y18、K19	R255、G102、B112 C0、M74、Y43、K0	R255、G43、B107 C0、M90、Y36、K0

18.2　美妆网店：店铺网页装修实战步骤详解

本节介绍美妆店铺装修的实战操作过程，主要可以分为制作店招和店铺导航、首页欢迎模块、促销方案、商品展示区、热销商品区几个部分。本案例的最终效果如图 18-1 所示。

<<<<<

图 18-1   最终效果

素材文件	Logo.psd、背景 .jpg、收藏按钮 .psd、商品图片 1.psd ～商品图片 5.psd、首页链接 .psd 等
效果文件	效果 \ 第 18 章 \ 美妆店铺装修设计 .psd
视频文件	视频 \ 第 18 章 \18.2.1　制作美妆店铺店招和导航的效果 .mp4、18.2.2　制作美妆店铺首页欢迎模块的效果 .mp4、18.2.3　制作美妆店铺促销方案的效果 .mp4、18.2.4　制作美妆店铺商品展示区的效果 .mp4、18.2.5　制作美妆店铺商品热销区的效果 .mp4

18.2.1　制作美妆店铺店招和导航的效果

下面介绍美妆店铺店招和导航的效果的制作。

步骤 01　在菜单栏中选择"文件"|"新建"命令，弹出"新建"对话框，设置"名称"为"美妆店铺装修设计"、"宽度"为 1440 像素、"高度"为 3200 像素、"分辨率"为 300 像素 / 英寸、"颜色模式"为"RGB 颜色"、"背景内容"为"白色"，单击"确定"按钮，新建一幅空白图像，如图 18-2 所示。

步骤 02　设置前景色为淡粉色 (RGB 参数值分别为 255、221、255)，按 Alt + Delete 组合键，为"背景"图层填充前景色，如图 18-3 所示。

图 18-2　新建图像文件

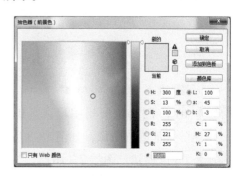

图 18-3　填充前景色

步骤 **03** 新建"图层1"图层，运用矩形选框工具创建一个矩形选区，如图18-4所示。

步骤 **04** 运用渐变工具为选区填充前景色到白色的线性渐变，并取消选区，如图18-5所示。

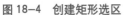

图 18-4 创建矩形选区

图 18-5 为选区填充渐变色

步骤 **05** 打开 Logo.psd 素材图像，运用移动工具将素材图像拖曳至背景图像编辑窗口中的合适位置，如图18-6所示。

步骤 **06** 选取工具箱中的直线工具，设置描边颜色为红色 (RGB 参数值分别为241、46、114)、设置形状描边宽度为5点，在图像中绘制一条直线，效果如图18-7所示。

图 18-6 添加 Logo 素材

图 18-7 绘制直线

步骤 **07** 栅格化形状图层，运用椭圆选框工具在直线上创建一个椭圆选区，并按 Delete 键删除选区内的图像，如图18-8所示。

步骤 **08** 新建"图层2"图层，为选区添加描边，设置"宽度"为2像素、"颜色"为红色 (RGB 参数值分别为241、46、114)，并取消选区，效果如图18-9所示。

图 18-8 删除选区内的图像

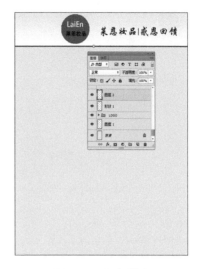

图 18-9 添加描边

步骤 09 运用横排文字工具输入相应文字，设置字体系列为"黑体"、字体大小为4点、"颜色"为红色 (RGB 参数值分别为 241、46、114)，效果如图 18-10 所示。

步骤 10 打开"收藏按钮 .psd"素材图像，运用移动工具将素材图像拖曳至背景图像编辑窗口中的合适位置，效果如图 18-11 所示。

图 18-10 输入相应文字

图 18-11 添加素材

18.2.2 制作美妆店铺首页欢迎模块的效果

下面介绍美妆店铺首页欢迎模块的效果的制作。

步骤 01 新建"图层 4"图层，运用矩形选框工具创建一个矩形选区，如图 18-12 所示。

步骤 02 选取工具箱中的渐变工具，设置渐变色为白色到蓝色 (RGB 参数值分别为 170、159、255)，如图 18-13 所示。

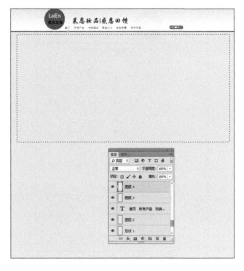

图 18-12　创建矩形选区

图 18-13　设置渐变色

步骤 03　在工具属性栏中单击"径向渐变"按钮,在选区内拖曳鼠标填充渐变色,效果如图 18-14 所示。

步骤 04　打开"商品图片 1.psd"素材图像,运用移动工具将素材图像拖曳至背景图像编辑窗口中的合适位置,如图 18-15 所示。

图 18-14　填充渐变色

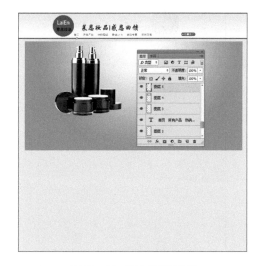

图 18-15　添加商品图像

步骤 05　在菜单栏中选择"图像"|"调整"|"亮度/对比度"命令,弹出"亮度/对比度"对话框,设置"亮度"为12、"对比度"为9,单击"确定"按钮,效果如图 18-16 所示。

步骤 06　复制商品图层,将其进行垂直翻转并调整至合适的位置,效果如图 18-17 所示。

步骤 07　为拷贝的图层添加图层蒙版,并填充黑色到白色的线性渐变,设置图层的"不透明度"为30%,效果如图 18-18 所示。

<<<<<

步骤 08 打开"装饰.psd"素材图像，运用移动工具将素材图像拖曳至背景图像编辑窗口中的合适位置，如图 18-19 所示。

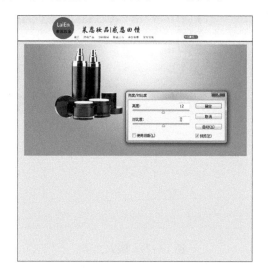

图 18-16　调整亮度／对比度

图 18-17　复制并调整图像

图 18-18　制作倒影效果

图 18-19　添加装饰素材

步骤 09 为"装饰"图层添加默认的"外发光"图层样式，效果如图 18-20 所示。

步骤 10 运用横排文字工具在图像上输入相应文字，设置字体系列为"方正粗宋简体"、字体大小为 8 点、"颜色"为白色，如图 18-21 所示。

步骤 11 运用横排文字工具在图像上输入相应文字，设置字体系列为"黑体"、字体大小为 8 点、"颜色"为黑色，并激活删除线图标，效果如图 18-22 所示。

步骤 12 运用横排文字工具在图像上输入相应文字，设置字体系列为"黑体"、字体大小为 8 点、"颜色"为红色 (RGB 参数值分别为 242、48、101)，如图 18-23 所示。

图18-20 添加"外发光"图层样式

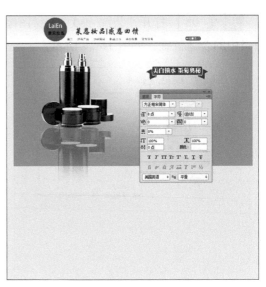

图18-21 输入文字

图18-22 输入文字

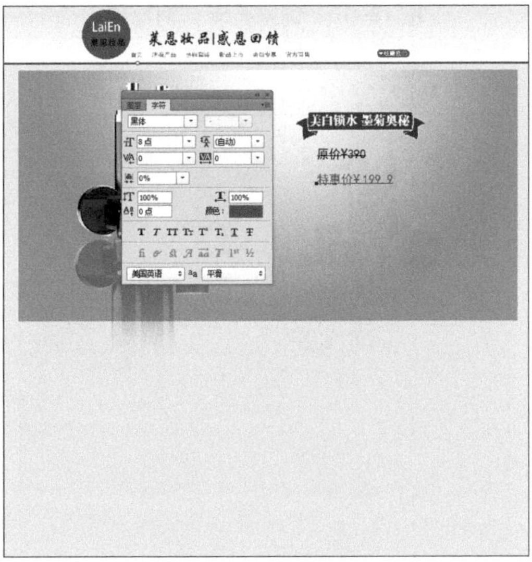

图18-23 输入文字

步骤 13 选中"199.9"文字，在"字符"面板中设置字体大小为12点，效果如图18-24所示。

步骤 14 双击文字图层，弹出"图层样式"对话框，选中"描边"复选框，设置"大小"为3像素、"颜色"为白色，单击"确定"按钮，应用图层样式，效果如图18-25所示。

步骤 15 打开"首页链接.psd"素材图像，运用移动工具将素材图像拖曳至背景图像编辑窗口中的合适位置，并适当调整各图像的位置，效果如图18-26所示。

图 18-24　设置文字大小

图 18-25　添加图层样式

图 18-26　添加链接素材

专家指点

　　在 Photoshop CC 中，隐藏图层样式后，可以暂时将图层样式进行清除，并可以重新显示，而删除图层样式，则是将图层中的图层样式进行彻底清除，无法还原。隐藏图层样式，可以执行以下两种操作方法。

- 图标：在"图层"面板中单击图层样式名称左侧的眼睛图标 👁，可将显示的图层样式进行隐藏。
- 快捷菜单：在任意一个图层样式名称上单击鼠标右键，在弹出的快捷菜单中选择"隐藏所有效果"命令，即可隐藏当前图层样式效果。

18.2.3　制作美妆店铺促销方案的效果

下面介绍美妆店铺促销方案的效果的制作。

步骤　01　运用矩形工具在欢迎模块下方绘制一个红色的矩形 (RGB 参数值分别为 177、3、11) 的矩形形状，如图 18-27 所示。

步骤　02　用同样的方法绘制一个白色的矩形形状，并适当调整其位置，如图 18-28 所示。

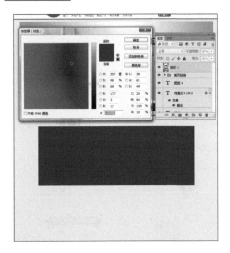

图 18-27　绘制矩形形状

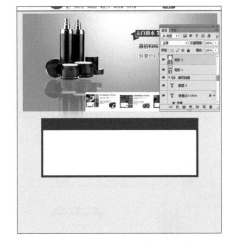

图 18-28　绘制矩形形状

步骤　03　打开"商品图片 2.psd"素材图像，运用移动工具将素材图像拖曳至背景图像编辑窗口中的合适位置，如图 18-29 所示。

步骤　04　运用横排文字工具在图像上输入相应文字，设置字体系列为"方正粗宋简体"、字体大小为 8 点、所选字符的字距调整为 600、"颜色"为白色，如图 18-30 所示。

图 18-29　添加商品素材图片

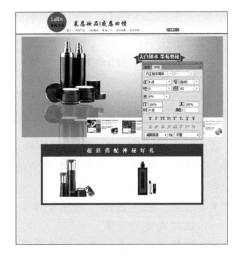

图 18-30　输入相应文字

步骤 05 运用矩形工具在欢迎模块下方绘制的红色 (RGB 参数值分别为 250、14、76) 的矩形形状，运用横排文字工具在图像上输入相应文字，设置字体系列为"黑体"、字体大小为 4 点、所选字符的字距调整为 500、"颜色"为白色，激活仿粗体图标，效果如图 18-31 所示。

步骤 06 打开"文字 1.psd"素材图像，运用移动工具将素材图像拖曳至背景图像编辑窗口中的合适位置，如图 18-32 所示。

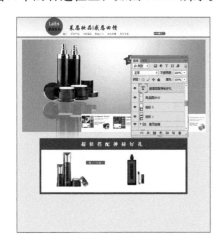

图 18-31 绘制矩形并输入文字

图 18-32 添加文字素材

18.2.4 制作美妆店铺商品展示区的效果

下面介绍美妆店铺商品展示区的效果的制作。

步骤 01 运用横排文字工具在图像上输入相应文字，设置字体系列为"黑体"、字体大小为 15 点、"颜色"为红色 (RGB 参数值分别为 177、3、11)，如图 18-33 所示。

步骤 02 选取工具箱中的直线工具，设置填充颜色为灰色 (RGB 参数值均为 215)、"粗细"为 2 像素，在图像中绘制一条直线，如图 18-34 所示。

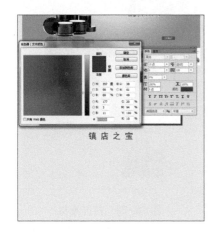

图 18-33 输入相应文字

图 18-34 绘制直线

步骤 03 运用横排文字工具输入相应文字，设置字体系列为"黑体"、字体大小为6点、"颜色"为黑色，效果如图18-35所示。

步骤 04 复制"矩形1图层"，得到"矩形1拷贝图层"修改颜色为紫色(RGB参数值为197、190、255)，如图18-36所示。

图18-35　输入相应文字

图18-36　添加商品素材

步骤 05 适当调整"矩形1拷贝图层"中矩形的大小和位置，如图18-37所示。

步骤 06 打开"商品图片3.psd"素材图像，运用移动工具将素材图像拖曳至背景图像编辑窗口中的合适位置，调整大小，如图18-38所示。

图18-37　调整矩形

图18-38　打开素材

步骤 07 打开"文字2.psd"素材图像，运用移动工具将素材图像拖曳至背景图像编辑窗口中，并调整其大小和位置，效果如图18-39所示。

步骤 08 运用横排文字工具在图像上输入相应文字，设置字体系列为"方正粗宋简体"、字体大小为10点、"颜色"为白色，如图18-40所示。

图18-39 添加文字装饰素材

图18-40 输入相应文字

步骤 09 设置前景色为淡黄色(RBG参数值分别为255、232、126)，运用圆角矩形工具绘制一个"半径"为10像素的圆角矩形形状，如图18-41所示。

步骤 10 运用横排文字工具在图像上输入相应文字，设置字体系列为"黑体"、字体大小为6点、所选字符的字距调整为200、"颜色"为红色(RGB参数值分别为177、3、11)，如图18-42所示。

图18-41 绘制圆角矩形形状

图18-42 输入相应文字

步骤 11 打开"商品图片4.psd"素材图像，运用移动工具将素材图像拖曳至背景图像编辑窗口中的合适位置，如图18-43所示。

步骤 12 打开"文字3.psd"素材图像，并整合该图层组，将图像调整至合适的位置，效果如图18-44所示。

图18-43 添加商品素材

图18-44 复制并调整图像位置

步骤 13 运用横排文字工具输入相应的文字内容，设置字体为黑体，颜色为红色(RGB参数值分别为177、3、11)，设置字体大小为12点，行距为8点，如图18-45所示。

步骤 14 执行操作后，确认输入，即可完成广告商品区的制作，效果如图18-46所示。

图18-45 输入文字

图18-46 最终效果

18.2.5　制作美妆店铺商品热销区的效果

下面介绍美妆店铺商品热销区的效果的制作。

步骤 01 创建"文字 04"图层组，将前面制作的标题栏相关图层移动到其中，并复制该图层组，将复制后的图像移动至合适位置，如图 18-47 所示。

步骤 02 运用横排文字工具修改相应的文字内容，效果如图 18-48 所示。

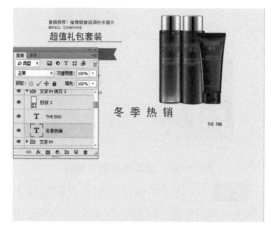

图 18-47　管理并复制图层组　　　　图 18-48　修改文字内容

步骤 03 打开"背景 .psd"素材图像，运用移动工具将素材图像拖曳至背景图像编辑窗口中的合适位置，如图 18-49 所示。

步骤 04 为背景图像图层添加默认的"投影"图层样式，如图 18-50 所示。

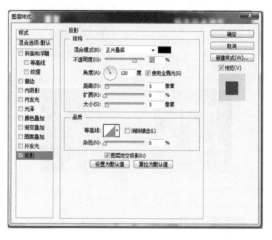

图 18-49　添加背景素材图像　　　　图 18-50　添加"投影"图层样式

步骤 05 打开"商品图片 5.psd"素材图像，运用移动工具将素材图像拖曳至背景图像编辑窗口中的合适位置，并调整其大小，如图 18-51 所示。

步骤 06 在菜单栏中选择"滤镜"|"渲染"|"镜头光晕"命令，弹出"镜头光晕"对话框，设置"镜头类型"为"50-300毫米变焦"，单击"确定"按钮，即可应用滤镜，如图18-52所示。

图18-51 添加商品素材图像　　　　　　图18-52 添加"镜头光晕"滤镜

步骤 07 运用横排文字工具在图像上输入相应文字，设置字体系列为"迷你简黄草"、字体大小为18点、"颜色"为白色，激活仿粗体图标，如图18-53所示。

步骤 08 为文字图层添加"描边"图层样式，设置"大小"为2像素、"颜色"为白色，如图18-54所示。

图18-53 添加文字素材　　　　　　图18-54 添加"描边"图层样式

步骤 09 为文字图层添加"投影"图层样式，设置"距离"为13像素、"扩展"为20%、"大小"为8像素，效果如图18-55所示。

步骤 10 打开"文字4.psd"素材图像，运用移动工具将素材图像拖曳至背景图像编辑窗口中的合适位置，效果如图18-56所示。

<<<<<

图 18-55 添加"投影"图层样式

图 18-56 添加文字素材

附录　Photoshop 软件快捷键操作

快 捷 键	功　能	快 捷 键	功　能
Ctrl+N	新建项目	Ctrl+Alt	全选
Ctrl+M	新建 HTML5 项目	Ctrl+E	向下合并图层
Ctrl+O	打开项目	Shift+Ctrl+L	自动调色
Ctrl+S	保存	Alt+Shift+Ctrl+I	自动对比度
Shift+Ctrl+S	储存为	Alt+Shift+Ctrl+S	储存为 Web 所用格式
Ctrl+Z	撤销	Alt+Ctrl+I	图像大小
Ctrl+W	关闭	Alt+Ctrl+W	全部关闭
Alt	复制图层	Ctrl+Z	还原向下合并
Alt+Ctrl+Z	后退一步	Ctrl+V	粘贴
Shift+F5	填充	Alt+Shift+Ctrl+C	内容识别比例
Ctrl+T	自由变换	Shift+Ctrl+K	颜色设置
Alt+Shift+Ctrl+I	文件简介	Ctrl+P	打印
Alt+Shift+Ctrl+P	打印一份	Ctrl+Q	退出
Alt+Shift+Ctrl+A	自适应广角	Shift+Ctrl+R	镜头校正
Shift+Ctrl+X	液化	Alt+Ctrl+V	消失点
M	图层蒙版	V	矢量蒙版
Alt+ Ctrl+G	创建剪贴蒙版	Ctrl+G	图层编组
Shift+Ctrl+G	取消图层编组	Shift+Ctrl+E	合并可见图层
Shift+F9	动作	F5	画笔
F7	图层	F8	信息
F6	颜色	Ctrl+Y	校样颜色
Shift+Ctrl+Y	色域警告	Ctrl++	放大
Ctrl+-	缩小	Ctrl+0	按屏幕大小缩放
Ctrl+R	标尺	Ctrl+H	显示额外内容